本教材由山东省高等教育本科教改项目（M2018X016）、2018山东省高校基层党建突破项目（0003490103）、德州学院重点教研课题（2018005）和德州学院教材出版基金资助出版

食品微生物实验指导

主　编：周海霞　焦德杰
副主编：曾强成
编写者：邢建欣　许裼森　张　红　李天骄
　　　　何　庆　魏振林　王丽燕　刘云利
　　　　崔培培　曹际云

辽宁大学出版社
Liaoning University Press

图书在版编目（CIP）数据

食品微生物实验指导/周海霞，焦德杰主编． —沈阳：辽宁大学出版社，2020.9

食品质量与安全专业实验育人系列教材

ISBN 978-7-5698-0147-7

Ⅰ.①食… Ⅱ.①周…②焦… Ⅲ.①食品微生物—实验—教材 Ⅳ.①TS201.3

中国版本图书馆CIP数据核字（2020）第188372号

食品微生物实验指导

SHIPIN WEISHENGWU SHIYAN ZHIDAO

出 版 者：	辽宁大学出版社有限责任公司
	（地址：沈阳市皇姑区崇山中路66号　邮政编码：110036）
印 刷 者：	大连金华光彩色印刷有限公司
发 行 者：	辽宁大学出版社有限责任公司

幅面尺寸：170mm×240mm
印　　张：16.25
字　　数：316千字
出版时间：2020年9月第1版
印刷时间：2021年1月第1次印刷
责任编辑：祝恩民、
封面设计：孙红涛　韩　实
责任校对：齐　悦

书　　号：ISBN 978-7-5698-0147-7
定　　价：48.00元

联系电话：024-86864613
邮购热线：024-86830665
网　　址：http://press.lnu.edu.cn
电子邮件：lnupress@vip.163.com

前　言

食品微生物是微生物学在食品领域的一个分支，是与食品有关的各种微生物，既包括对人类有益的微生物，也包括使食品变质和引起食源性疾病的有害微生物。食品微生物学实验作为一门关乎人身体健康并密切联系生产实践的课程，研究的是如何对有益微生物进行发掘、利用、改善和保护，如何对有害微生物进行控制、消灭或改造。

一方面，随着人们对健康和环保的重视，越来越多的有益微生物及其代谢产物被应用到食品或食品生产中，从酵母菌到乳酸菌、从蛋白质到细菌素、从乙醇到维生素、从提供有益代谢产物到降解污染物变废为宝，无不体现出微生物的重要价值；另一方面，在威胁食品安全的生物性因素中，细菌及其产生的毒素是最常见的，有害的食品微生物不仅损害着人们的身体健康、生命安全，甚至严重影响社会发展，微生物引发的食品安全问题受到世界各个国家的重视。在食品从生产到消费的各个环节中都有微生物污染的可能，因而有害微生物监测和检验是食品卫生工作的核心，也是食品质量与安全相关从业人员必须掌握的重点内容。随着科学技术的进步和人们对微生物认识的深入，各种微生物检验方法越来越高效，各项法规标准越来越健全，但微生物引发的食品安全问题仍然不断涌现。这一问题的出现与食品安全方面的人才缺乏以及人才培养的使命达成度密切相关。食品卫生工作的重要性，促使相关工作人员既要有知识、有能力，又要有优秀品质。培养守初心不忘本、担使命做先锋的食品安全方面的人才，既需要培养人员具备专业知识和提高能力，还要对其进行思想塑造和价值引领，因而需要充分发掘和体现专业课程的思政内涵，切实做好全员育人、全程育人、全方位育人。

本书以习近平新时代中国特色社会主义思想为指导，注重以落实能力培养和立德树人为根本任务。按照知识传授、能力达成、价值引领的总体要求，深化实验课程教学改革，充分发挥实验课程的育人作用。教师在本课程的教授指导过程中应注重培养学生的职业素养和社会责任，促进其成为有专门知识、有实际能力、有创新思维、有健康身心、有担当精神的社会主义合格建设者和接班人；利用食品微生物实验课程的育人元素，使知识能力教学与课程思政教育融合起来。

《食品微生物学实验指导》将食品领域具体应用的微生物学实验技术编写分成三大部分。第一部分是微生物学基础实验，以分离纯化获得微生物为主要能力训练目标；第二部分是紧紧围绕 GB 4789 编写的综合性实验，以食品微生物检验能力为主要训练目标；第三部分是自主设计的研究性实验，以锻炼学生的科研能力为主要训练目标。这三部分内容的编写安排有利于学生由易到难缘事析理，逐步开展科学探究，提高自身食品微生物实验技能；学思结合，形成进行食品微生物研究的科学思维；养成细致严谨、躬行实践的学习态度；养成遵守法律规范、守诚信崇正义、明辨是非、求真求实的工作精神。为了更好地体现课程育人和实践育人的内涵，每个实验目标都有三个维度，即知识目标、能力目标、情感态度和价值观目标。

本书的编写是为了更好地体现食品微生物实验中的价值引领作用和专业课程的思政内涵，但编者水平有限，希望本书能够起到抛砖引玉的作用，在此与广大教学工作者共同探讨专业课程的育人内涵，以期为祖国培养更多德、智、体、美、劳全面发展的社会主义建设者和接班人。

目 录

食品微生物学实验室安全须知 …………………………………………… 1

第一部分 基础实验 …………………………………………………… 5

实验一 培养基制备 ………………………………………………… 6

实验二 培养基和器皿的灭菌 …………………………………… 13

实验三 环境微生物的检测和菌落形态观察 …………………… 21

实验四 斜面接种 ………………………………………………… 26

实验五 平板划线法分离微生物 ………………………………… 31

实验六 平板分离技术和活菌计数 ……………………………… 34

实验七 选择性培养基分离微生物 ……………………………… 40

实验八 普通光学显微镜的使用 ………………………………… 46

实验九 显微测微尺的使用 ……………………………………… 51

实验十 细菌涂片及简单染色 …………………………………… 55

实验十一 革兰氏染色 …………………………………………… 57

实验十二 细菌的鞭毛染色 ……………………………………… 61

实验十三 细菌的芽孢染色 ……………………………………… 65

实验十四 放线菌的培养与观察 ………………………………… 68

实验十五 霉菌的载片培养与观察 ……………………………… 73

实验十六 酵母菌的观察与计数 ………………………………… 77

实验十七 细菌生长曲线的测定 ………………………………… 81

实验十八 大肠杆菌营养缺陷型菌株的诱变和筛选鉴定 ……… 85

实验十九 菌种保藏 ……………………………………………… 91

实验二十 大肠杆菌噬菌体的效价测定 ………………………… 98

· I ·

第二部分　综合检验实验 ……………………………………………………………… 103

实验一　食品微生物学检验样品的采集和处理 …………………………………… 104
实验二　肉与肉制品检验采样 ……………………………………………………… 107
实验三　蛋与蛋制品检验采样 ……………………………………………………… 110
实验四　乳与乳制品检验采样 ……………………………………………………… 114
实验五　商业无菌检验 ……………………………………………………………… 117
实验六　食品中菌落总数的测定 …………………………………………………… 122
实验七　食品中霉菌和酵母菌计数 ………………………………………………… 127
实验八　大肠菌群计数 ……………………………………………………………… 131
实验九　大肠菌群的快速检测 ……………………………………………………… 139
实验十　大肠埃希氏菌 O157：H7/NM 检验 ……………………………………… 147
实验十一　食品中金黄色葡萄球菌的检测 ………………………………………… 157
实验十二　沙门氏菌检测 …………………………………………………………… 167
实验十三　志贺氏菌检验 …………………………………………………………… 184
实验十四　单核细胞增生李斯特氏菌检验 ………………………………………… 199
实验十五　双歧杆菌的鉴定 ………………………………………………………… 212

第三部分　创新研究性实验 ………………………………………………………… 222

实验一　苯污染物降解菌的分离和培养 …………………………………………… 223
实验二　蕈蚊生防菌的筛选 ………………………………………………………… 225
实验三　产细菌素菌株的筛选 ……………………………………………………… 228
实验四　金黄色葡萄球菌噬菌体的分离 …………………………………………… 230
实验五　淀粉酶产生菌的分离和酶活性鉴定 ……………………………………… 231
实验六　果蝇肠道中可培养微生物的分离 ………………………………………… 233
实验七　乳酸菌对淀粉废液的再利用研究 ………………………………………… 234
实验八　固氮微生物对植物生长的影响 …………………………………………… 236
实验九　富锌酵母的制备 …………………………………………………………… 237

实验十　红枣果酒的酿制	239
实验十一　泡菜中发酵微生物的分离和功能测定	241
实验十二　常见蔬菜的抑菌效果比较	242
实验十三　特色乳酸菌果饮的研制	244
实验十四　坚果和籽类食品的卫生学检验	245
实验十五　禽肉制品的卫生学调查	247

参考文献 ... 249

食品微生物学实验室安全须知

食品微生物既包括对人类有益的微生物，也包括使食品变质和引起食源性疾病的有害微生物，是一门实践性很强的专业基础课。食品微生物检测过程中所涉及的病原微生物的分析鉴定工作应在二级或以上生物安全实验室进行。

在普通微生物实验室进行基础操作学习时，为了防止发生事故，或在事故发生后能够及时采取措施、降低危害、维护安全。为防止有害微生物的扩散，学生在进入食品微生物实验室时应仔细阅读实验室的安全要求。每一个学生从开始学习就应该养成良好的实验习惯和责任心，防止事故发生，并为其今后科学素养和职业素养的形成奠定基础。

一、实验室安全要求

（1）实验室和室内仪器设备、材料的使用，实行登记制度。不经实验管理人员同意不能私自使用实验室，一切仪器设备需经管理人员同意后方可使用，一般不外借。学生在使用实验室或室内仪器设备前，要认真填写使用人、实验项目、实验时间和运行情况。

（2）实验室内的仪器设备应定期检查和保养，一旦出现运转不良的情况应立即停止工作、切断电源并及时报告管理人员。

（3）实验室内的药品应分类摆放整齐，注意避光防潮、通风干燥，保持标签完整。剧毒、易制毒、易燃易爆、腐蚀性药品应单独由专人保管。实验前，使用人员根据用量领取，做好使用记录，用后立即归还。

（4）任何仪器在使用前必须经过培训，确认使用人员能熟练操作和处理相关问题后方可独自使用。高压灭菌锅和高温烘箱在使用过程中必须留人值守，使用完成后需要关闭电源，仔细检查无误后方可离开。

（5）实验室的菌株要定期检查，防止破损和泄漏。使用前要核对标识，使用过程中要遵循无菌操作要求，使用后的废弃菌液要做无害化处理。所有菌株不得擅自外借，更不得私自拿出。

（6）实验室的冰箱内不得存放食品，室内不得进餐，不能用舌舔标签或手指，与实验无关的私人物品尽量不带到实验室，不可避免时需存放在不影响实验的安全区域内。

（7）实验前后，均需打扫清理实验室地面和台面，若受到菌液污染应该用0.1%的新洁尔灭擦拭，实验前后要洗手，减少细菌污染。

二、实验学生要求

（1）每次进行实验前要充分预习实验，理解实验目的，掌握实验原理，明确实验步骤和操作注意事项。

（2）学生实验前，穿戴工作服，扎紧袖口，工作服最好是白色的，可以及时发现污染。学生实验时不要佩戴饰物，不得披散头发，刘海应在一侧固定，防止被火焰灼烧。

（3）实验过程中小组成员既要分工负责、互相配合，又要积极动手掌握实验技能，仪器使用要先后有序，有条不紊。

（4）进行微生物无菌操作实验时，要关闭门窗，不要打开电扇和空调，防止空气对流。特别是在进行霉菌和放线菌操作时要特别注意，不应在超净工作台上开启无菌风。

（5）进行接种时，禁止嬉戏打闹、大声喧哗，防止因灰尘飞扬和唾液飞溅造成菌株污染。

（6）接种针和涂布棒使用前后要随手在火焰上灭菌，然后才可放在台面上。含菌的移液管、滴管、玻片等，要在使用完后立即投入消毒液中浸泡20 min或者灭菌，然后再进行清洗。

（7）含菌的培养培养皿、三角瓶、试管等，要进行加压蒸汽灭菌或者煮沸10 min后再进行清洗。活菌不能直接排放到环境中去。

（8）实验需要用到的酒精等易燃液体，不应超过容器要求的最大装液量；没有体积要求时，一般以够用为宜，不要一次取用过多过满，防止洒出，降低可能事故发生的概率。

（9）配制有危害性的试剂时，应预先清楚其可能造成的损伤，并提前做好防护和充分准备，实验时尽可能的小心谨慎，最好在水槽附近配制，以便及时清洗盛装过的容器具，并处理可能出现的危害。

（10）实验前，合理摆放实验用品，这样既能提高实验效率，又有助于安全操作。实验结束后，及时清理实验台面，不要在酒精灯周围堆积过多易燃物品，不留隐患，养成优良安全习惯。

（11）认真观察实验结果，及时完成实验报告，树立严谨、求实的科学态度，若结果不理想，应该及时分析原因和解决问题。

三、实验事故处理

实验室一旦发生事故应立即报告实验室管理人员，任何隐瞒和藏匿都有可能进一步扩大危害范围。同时，可参考以下方法进行处理。

（1）若打碎含菌玻璃器皿，应该立即用5%石碳酸液或0.1%新洁尔灭等消毒剂，喷洒覆盖受到细菌污染的地面或台面，30 min后再进行清扫和擦拭。不要直接用手处理打破的玻璃器皿。

（2）若皮肤破损处受到细菌污染，应立即挤压伤口周围以促进血往伤口外流，同时用无菌水或消毒剂冲洗，然后用碘伏擦洗处理10 min。

（3）未破损皮肤沾染普通细菌可先用70%乙醇擦拭，再用肥皂清洗。若受到致病菌沾染，应将手部用0.1%新洁尔灭溶液浸泡10～20 min，然后用肥皂清洗。

（4）非致病菌不慎入口，应该立即吐出，并用漱口水或无菌水漱口。

（5）一般性致病菌不慎入口，如金黄色葡萄球菌、酿脓链球菌、肺炎链球菌，需用3%的H_2O_2溶液漱口；致病菌不慎入口除按照本法操作外，还需要立即就医观察治疗。

（6）酒精等易燃液体如果意外洒落并燃烧，应立即用含大量水的湿布掩盖灭火，还需同时关闭可能会被点燃的电器电源，切不可用水泼洒以免扩大燃烧面积。若引燃身上衣物不能及时脱下，应立即将身体靠墙或在无火险处滚动灭火；若已不能控制火情，当火势蔓延时，需要用灭火器灭火。

（7）装有酒精的烧杯若不慎被点燃，应立即用含大量水的湿布掩盖整个烧杯灭火，或用较大的耐热玻璃器皿罩住烧杯，隔绝空气。切不可用纸等其他易燃物体覆盖，也不可试图移动燃烧中的容器。

（8）衣服或纸张等易燃品在酒精灯附近被点燃时，应立即将燃烧物品搬离酒精灯周围，宜采用按压或拍打的方式灭火，切不可慌张，以免引起更大事故。

（9）皮肤沾上易燃液体不慎被点燃时，应立即按压灭火，皮肤被烫伤处可用流水进行降温，然后涂抹烫伤药膏。

（10）皮肤被强酸化学药品，如硫酸、硝酸、高氯酸沾染后，应立即用布一次性快速拭去，并立刻用大量清水冲洗，再用5% $NaHCO_3$ 稀碱溶液中和。因强酸灼伤后果严重，做此类实验时，应该提前做好防范措施，预备好抹布，并在水池周围进行实验。

（11）皮肤若被强碱化学药品，如 NaOH、KOH、NH_4OH 沾染后，可先用大量清水冲洗，再用5% 乙酸溶液中和。

第一部分　基础实验

第一部分是微生物学基础实验，主要是训练和培养学生进行微生物实验操作的基本技能，包括培养基的配制，仪器试剂的灭菌，微生物的分离纯化、观察测定、菌株保藏，等等。

通过学习该部分，在知识目标方面，学生能解释实验的基本原理，理解理论知识；在技能目标方面，学生能规范地进行微生物实验基础操作；在情感态度和价值观目标方面，学生能够养成勤勉节俭、珍惜资源、规范操作和躬行实践的好习惯；学生能够养成理论联系实际、严谨求实和实事求是的科学研判精神；学生能够关爱环境、团结协作，提升自身的思辨能力以及安全意识等，为第二部分食品微生物检验实验打下基础。

思政触点一：培养基制备、培养基和器皿的灭菌实验——注重勤勉节俭、珍惜资源，养成规范操作、躬行实践、勤于思考、团结协作的科研精神，明确科研实验也要注重实验安全和关爱环境。

在培养基配制和灭菌实验中，教师明确4人小组中每位学生负责的实验任务，并指出每位同学的任务在本实验中的重要作用，培养学生团队意识、责任心和协作能力；通过在实验前讲述实验灾难事故以及在实验称量中出现的浪费现象和错误操作，培养学生勤勉节俭、规范操作的科研素养；通过对培养基无菌检测结果的观察思考和失败原因分析，提升学生自身的观察思考和思辨能力。教师和学生通过观察实验结果，一起分析出现失败染菌培养基的原因、解释可能存在的危害，对学生提出进行无害化处理以后再排放的要求，提高学生规范处理活菌废弃物、关爱环境、注重安全的意识。

思政触点二：酵母菌的观察与计数实验——无规矩不成方圆，自觉遵循规则的职业素养，严谨求实、精益求精的工匠精神。

在酵母菌的观察计数实验中，教师通过让学生掌握死活酿酒酵母菌计数规则，点明无规矩不成方圆；为了保证数据的准确性，要遵循统一的规则，提升学生自觉遵守规则的职业素养、严谨求实追求准确的匠人精神；在实验结束时，教师对比各组测定的同一酵母溶液浓度的数据差异，让学生回忆实验操作，分析出现不同实验结果的原因，提升学生的思辨能力，培养其精益求精的匠人精神。

实验一　培养基制备

一、实验目的

（1）识别六大营养元素在培养基中的存在形式。
（2）阐述培养基配制的一般方法和步骤。
（3）按照培养基配方配制普通培养基。
（4）正确规范地称量配制试剂。
（5）体验培养微生物的独特性。
（6）养成勤勉节约和规范操作的实验习惯，注重实验安全、关爱环境，体会团结协作的重要性。

二、实验原理

培养基是人工配制的供微生物生长、繁殖、代谢所需的混合营养物质，不同的培养基成分差异较大，但一般均包含碳源、氮源、能源、无机盐、生长因子、水。由于微生物具有不同的营养类型，对营养物质的要求也各不相同，加之实验和研究的目的不同，造成培养基的种类很多，即使是培养相同的微生物，使用的原料也存在很大差异。从营养角度分析，培养基中一般含有微生物所必需的碳源、氮源、能源、无机盐、生长因子以及水分这六大类营养物质。但是，当培养自养微生物或固氮微生物时，培养基中会缺乏碳源或氮源，该类培养基的碳源或氮源则来自空气中的 CO_2 和 N_2 等。

另外，培养基还应具有适宜的 pH 值、一定的 pH 缓冲能力、一定的氧化还原电位及合适的渗透压等适合微生物生长的条件。微生物不同对pH的需求不同，大多数细菌和放线菌一般适宜培养在中性至微碱性环境中，酵母菌和霉菌多在偏酸性条件下生长。好氧菌、微好氧菌、兼性厌氧菌、耐氧菌都可在普通培养箱中用平板培养。绝大多数真菌和多数细菌、放线菌都是专性好氧菌，如毛霉菌、根霉菌、曲霉菌、青霉菌、链霉菌、醋酸杆菌、铜绿假单胞菌等。酵母菌和部分细菌属于兼性厌氧菌，如酿酒酵母和肠杆菌科的各种常见细菌。霍乱弧菌、螺旋杆菌、发酵单胞菌属、弯曲菌属等为微好氧菌。乳酸乳杆菌、肠膜明串珠菌、乳链球菌、粪肠球菌等为耐氧菌。实验室中常用的通用培养基有牛肉膏蛋白胨培养基、高氏1号培养基和马铃薯葡萄糖培养基，分别培养普通细菌、放线菌和霉菌。

培养基按照物理性质可分为液体、半固体和固体三类。固体培养基是在液体培养基中加入凝固剂而制成的，最常用的凝固剂是琼脂（agar），此外还有明胶、硅胶等。琼脂又名洋菜（agar-agar）、海东菜、冻粉、琼胶、石花胶、燕菜精、洋粉、寒天、大菜丝，是植物胶的一种，是从海产的麒麟菜、石花菜、江蓠等海藻中提取的胶体物质，为无色、无固定形状的固体，溶于热水，如图1-1-1所示。

图1-1-1　石花菜及琼脂制品

琼脂除常用作细菌培养基外，在食品工业中也有广泛应用，可作增稠剂、凝固剂、悬浮剂、乳化剂、保鲜剂和稳定剂，也可制成多种菜肴直接食用，如青岛特产海凉粉。琼脂主要是用海南的麒麟菜或石花菜制作出来的，海南的简称就是琼，据此得名。琼脂的主要成分是半乳糖和半乳糖醛酸的聚合物，一般不能被微生物所利用。因此，取代明胶成为微生物培养基中应用最广的凝固剂。琼脂制成的培养基在

98 ℃～100 ℃下，5 min 左右融化，冷却至 45 ℃以下凝固。一般情况下培养基应该尽快配制好后尽快灭菌，现配现用，避免多次反复融化，防止营养物质受到破坏，或培养基凝固性降低。培养自养微生物时适合用硅胶做凝固剂。

受水质、试剂成分、灭菌方法等多种因素的影响，每次配制好的培养基营养成分并不完全一致。牛肉膏、蛋白胨、酵母膏这类天然有机成分，受原料来源、制作方法的影响较大，甚至是同一厂家不同批次之间也可能存在较大差异。因此，要根据实验需要严格选择所用试剂，防止造成较大影响。

三、实验材料

电子天平、电磁炉、500 mL 三角瓶、250 mL 三角瓶、1000 mL 烧杯、1000 mL 量筒、250 mL 量筒、玻璃棒、不锈钢钥匙、pH 试纸 5.5～9.0、称量纸、封口膜、细绳、油性记号笔等。

牛肉膏、蛋白胨、葡萄糖、可溶性淀粉、KNO_3、$NaCl$、$K_2HPO_4 \cdot 7H_2O$、$MgSO_4 \cdot 7H_2O$、$FeSO_4 \cdot 7H_2O$、KH_2PO_4、琼脂、5%NaOH 溶液、5%HCl 溶液等。

四、实验步骤

（一）计算称量药品

仔细阅读注意事项，按照培养基配方称量药品。根据培养基配方依次准确称取各种药品，放入适当大小的烧杯中。琼脂暂时不加入，根据需要按照步骤（四）方法加入。

1. 牛肉膏蛋白胨培养基（培养细菌用）

牛肉膏	3 g
蛋白胨	10 g
NaCl	5 g
水	1000 mL
琼脂	15～20 g

pH7.2～7.4

牛肉膏的称取方式如图 1-1-2 所示，牛肉膏要用玻璃棒挑取少量后，点沾到称量纸上，称量好后连同称量纸一起放入烧杯中，加热溶解后，将称量纸挑出，丢弃到垃圾盒内。

图 1-1-2　牛肉膏的称取方式

注意：

（1）请用称量纸和药匙按照配方逐一称取试剂。取药品时药匙应保持洁净，瓶盖应一一对应，不能混用，以免造成试剂污染。

（2）配制固体培养基欲倒平板使用时，琼脂不要先加入，待其他成分称量、溶解、调节 pH、定量分装之后，将浓度为 1.5～2% 的琼脂直接加到三角瓶中。

（3）蛋白胨极易吸潮，故称量时要及时拧紧瓶盖。

（4）配制该培养基的水可以用自来水。

2. 高氏（Gause）1号培养基

可溶性淀粉	20 g
KNO_3	1 g
NaCl	0.5 g
$K_2HPO_4 \cdot 7H_2O$	0.5 g
$MgSO_4 \cdot 7H_2O$	0.5 g
$FeSO_4 \cdot 7H_2O$	0.01 g
水	1000 mL
琼脂	15～20 g

pH 7.4～7.6

注意：

（1）可溶性淀粉先与少量冷水混合，水不要过多，然后用文火加热，加热时需要搅拌防止糊底，待完全成糊状，停止加热。在加热后的淀粉中加入其余体积的水分，使之尽快冷却，有利于调整 pH。

（2）数量较少的无机盐可先配置成浓溶液，然后按需量取。

3. 马铃薯葡萄糖培养基（PDA 培养基）

马铃薯	200 g
葡萄糖	120 g
琼脂	20 g
水	1000 mL

pH 自然

注意：

（1）马铃薯去皮，切成小块，加水 1000 mL，煮至马铃薯可被轻易戳破为止，约 20～30 min，用 4 层纱布过滤，滤液加糖，糖溶解后补水至 1000 mL。

（2）葡萄糖可以用等质量蔗糖代替。

（二）溶解

将上述成分溶解，定容到所需要刻度。可以通过加热搅拌促进溶解，但在调 pH 前应使之降至室温。

（三）调节 pH

上述培养基一般用 5%NaOH，根据需要调节 pH。如果调过可用 5%HCl 溶液回调。pH 可用 pH 试纸或酸度计边测边调，尽量避免回调。

（四）添加或融化琼脂

（1）如果培养基是制作固体平板用，则培养基液体需要先分装到三角瓶中，体积不超过三角瓶容积的 3/5，然后向分装后的三角瓶中添加浓度为 1.5～2% 的琼脂，不需要将琼脂预先融化。

（2）如果制作固体斜面或半固体培养基，应将半固体琼脂按照 0.5% 的量添加到液体培养基中。琼脂加入后，置电炉上一边加热一边搅拌，直至完全融化。在 100 ℃左右融化时，需要搅拌大约 5 min 才可停止，然后补足水分并进行分装。每个 16 mm×16 cm 的试管大约加入 5 mL。分装方式和灭菌后的摆放如图 1-1-3 所示。

第一部分 基础实验

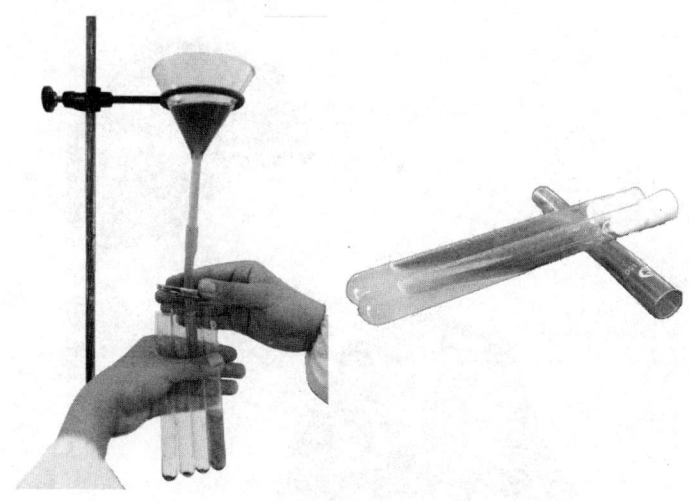

图1-1-3 斜面的分装和灭菌后的摆放

少量液体的分装可以使用5 mL移液器分装，也可自制如图1-1-3所示的液体分装装置。将漏斗下方接上橡胶管，置于铁架台上悬起，橡胶管下端用止水夹夹住，左手持管，向漏斗倒入融化后的培养基，右手通过止水夹控制液体流出的量进行分装。

注意：

①制作斜面用的培养基在加热时，需要控制加热温度和时间，不要使培养基溢出或烧焦。②加热容易造成缺水太多，可用含有刻度线的加热杯，根据刻度适量补充去离子水。③用液体分装装置分装培养基后要及时清洗，否则容易堵塞，时间较长还会造成微生物大量生长，污染实验室。④灭菌后，趁其尚未凝固之前，需要倾斜摆放，使液面形成总长度大约为5～8 cm的一个倾斜表面，便于保种时能够较容易的划线。摆放斜面时不要使培养基沾染到试管口或试管塞上。

（五）包扎标记

（1）培养基分装三角瓶后，瓶口加封口膜或8层纱布，再包上两层报纸或牛皮纸用于防潮，用细绳扎严，三角瓶口的包扎方法如图1-1-4所示。

（2）用报纸或牛皮纸包住三角瓶口，将细绳的一端放在瓶口中间，如图1-1-4所示。左手拇指和食指压住细绳，同时握紧瓶口，另一只手提起细绳另一端，顺时针沿左手拇指外侧向瓶口缠绕，最后余出10 cm绳头。将余绳放在左手拇指下，抽出左手拇指，此时剩余的绳头顺势由左手拇指搓入形成的绳套中。最后提起横在瓶口中间的绳，将绳套勒紧。

·11·

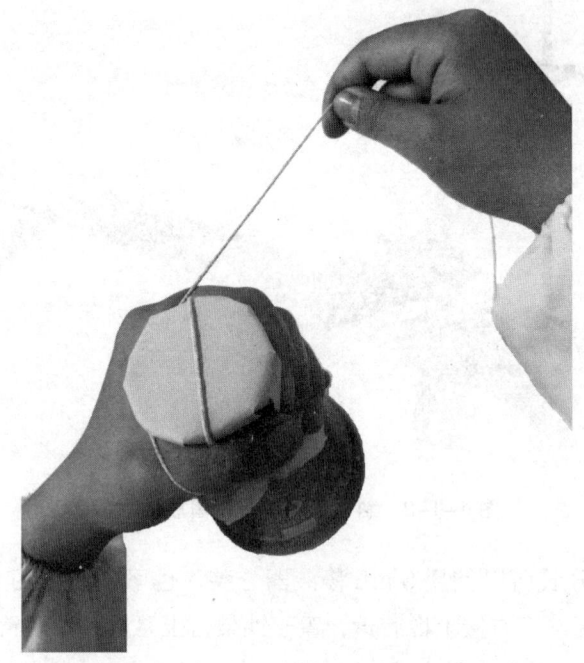

图 1-1-4　三角瓶口的包扎方法

（3）斜面可10个一包，用一张包头纸包住试管塞的一端，遮住试管的一半左右，然后用传统方法将细绳扎紧打结，防止试管脱落，然后进行灭菌。

（4）在包头纸或瓶身上用记号笔标明培养基名称、组别、姓名和日期等。灭菌后要检查标记是否依然清晰。

五、实验结果与报告

（1）记录配制的培养基的颜色、性状、体积是否和预期一致，并分析原因。

（2）注意日期等标记灭菌后是否仍然清晰。

六、思考题

（1）查阅资料阐明明胶的主要成分是什么，配置培养基的凝固剂为什么会被琼脂取代？

（2）查阅资料找出还有哪些物质可以作为培养基的凝固剂使用，各有哪些优缺点？列表比较说明一下。

（3）本次实验中涉及3种培养基，逐个分析其各种成分都提供了哪些营养元素？

实验二 培养基和器皿的灭菌

一、实验目的

（1）阐述实验室常用灭菌方法的原理和操作规范。
（2）举例说出各种灭菌方法的应用范围。
（3）形成实验室安全灭菌意识。

二、实验原理

微生物在地球上几乎无处不在，但微生物学实验的相关操作通常需要在无菌条件下完成。因此，实验中微生物直接接触的培养基、器皿、移液器枪头等，均需要预先包装，并经严格灭菌或除菌后才可使用。

物体不同所选用的灭菌方法也不同。常用的灭菌或除菌的方法有加压蒸汽灭菌、干热灭菌、间歇灭菌、过滤除菌、气体灭菌等。对于受温度影响不大的培养基可以采用加压蒸汽灭菌法进行灭菌；当培养基中的某种成分不宜加热，不能耐受高温时，需要单独使用间歇灭菌、过滤除菌、气体灭菌等方法杀菌或除菌，然后待其余成分灭菌完成并且温度降低至 45 ℃～50 ℃时，加入混匀，再倾倒平板。微生物实验中需要灭菌的器皿根据成分性质分类有玻璃、塑料、金属等，除了塑料不能耐受超过 120 ℃的高温外，玻璃和金属材质的器皿都可进行高温灭菌。

任何培养基一经配置完成，应及时彻底灭菌，以保证营养成分不发生变化，以备培养微生物使用。如果来不及灭菌，可将培养基短暂存放在冰箱中，防止因杂菌生长造成培养基营养成分发生变化。

（一）加压蒸汽灭菌

实验室中，耐热培养基的灭菌常采用加压蒸汽灭菌。加压蒸汽灭菌用途广、效率高，是微生物学实验中最常用的灭菌方法。一般培养基、玻璃器皿以及传染性标本和工作服等都可应用此法灭菌。这种灭菌方法是基于水的沸点随着蒸汽压力升高而升高的原理设计的。当蒸汽压力达到 1.05 kg/cm² 时，水蒸气的温度升高到 121 ℃，经 15～20 min，可杀死锅内物品内外的全部微生物和它们的孢子或芽孢。有时为了减少对培养基中葡萄糖等不太耐热成分的破坏，还可以采用 115 ℃即 0.7 kg/cm²，30～35 min 的方式灭菌。

加压蒸汽灭菌需要用到的加压灭菌锅有手提式、立式、卧式三种，体积、样式虽不同，但灭菌原理相同。手提式灭菌锅和立式灭菌锅在微生物实验室中最常见，其都有一个厚实坚硬的金属外壳，内都有一个铝制装料桶；可移动锅盖上安有排气阀、安全阀、气压表；锅盖边缘是起密封作用的硅胶垫。

排气阀，用以排出锅内的空气，在开始加热时处于直立的打开位置，排气阀不能自动打开或关闭。

安全阀又叫限压阀，外观和排气阀比较相似，但其上栓有一个铅封。为了防止非权威性的更改或破坏，安全阀设定之后按照标准要求需进行封识，通常的封识方法是使用金属丝把阀帽和弹簧外罩以及阀盖和阀体连接起来，也可用封识金属丝锁定调节环柱销。当锅内压力超过额定工作压力后，安全阀会自动打开排气排水。

压力表，实时显示锅内压力，压力表上红色外圈上的数字表示达到对应压力后水蒸汽的温度；黑色内圈数字表示锅内压力。开关锅盖时锅内应需无压，所以压力表的指针应该指在"0"位置。

加压灭菌锅在使用时会产生很大的压力，一旦爆裂后果不堪设想。因此，使用时应该严格按照操作规范，防患于未然。

手提式加压灭菌锅（图1-2-1），体积小，移动方便，价格较低，但在灭菌时需要人为控制加热，因而常会造成加热不稳定，而且缺水时不能自动报警，不能自动稳压。超过额定工作压力时安全阀自动放气。由于其不方便自动操作，逐渐被更加人性化、自动化的数显灭菌锅替代。

图1-2-1　手提式加压灭菌锅

立式蒸汽灭菌锅采用数控加热，设定好温度和加热时间后，只需人为控制放气时间，就能比较方便地完成灭菌，如图1-2-2所示。灭菌过程压力控制稳定，水位过高过低都会报警，便于使用者进行操作。为了满足工业生产需要，蒸汽灭菌过的结构形式多样，除了立式还有大型卧式灭菌锅（图1-2-3）和双开门灭菌锅。

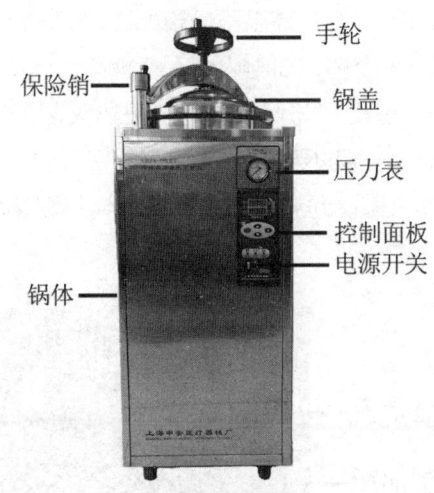

图 1-2-2　立式蒸汽灭菌锅

图 1-2-3　大型卧式灭菌锅

　　加压蒸汽灭菌是通过提高灭菌锅内的蒸汽温度来达到灭菌目的的。因此，加热时应打开排气阀让水蒸汽驱尽锅内原有的空气，然后关闭。由于不能方便验证锅内空气是否排除干净，一般根据经验控制放气时间。在听到排气阀以比较有力的声音放气时，开始计时 5 min，便可达到排尽锅内空气的目的。加压蒸汽灭菌的效果受到许多因素的影响，如锅内空气排除程度、灭菌温度、时间、灭菌物体的体积、成分，甚至是数控系统等。当出现灭菌不彻底的结果时，要多方面进行分析。

（二）干热灭菌

干热灭菌需要使用高温干燥箱。该方法采用了比加压蒸汽灭菌高很多的温度，进行更长的时间以达到灭菌的目的，高温干燥箱如图1-2-4所示。在干热高温下，微生物细胞内的蛋白质等凝固变性，细胞内含水量越高，菌体蛋白质凝固越快，反之，含水量越小，凝固越慢。因此，与湿热相比，干热灭菌所需温度高，耗费时间长，常采用160 ℃～170 ℃，一般不要超过180 ℃，灭菌1～2 h。塑料制品等不耐120℃高温，不能用干热灭菌。包装纸、棉塞、棉绳等易燃物品不要堵在加热口上，防止发生燃烧事故。

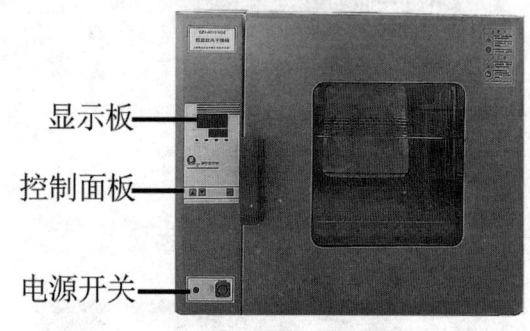

图1-2-4　高温干燥箱

（三）紫外线灭菌

波长200～300 nm的紫外线具有杀菌能力，260 nm左右的紫外线杀菌能力最强。在波长一定的条件下，紫外线的杀菌效果与强度和时间成正比。紫外线的穿透能力差，只适合物体表面和空气的杀菌。紫外线杀菌是因为紫外线能诱导DNA形成胸腺嘧啶二聚体和DNA链交联，抑制DNA复制。另外，紫外线辐射能使空气或水中形成O_3和H_2O_2，也起到一定的杀菌作用。实验室中的洁净工作台采用的就是紫外线灭菌。为了达到较好的灭菌效果，需要将工作台上的物品清理干净，用70%的酒精擦干净台面，然后开紫外灯照射20 min，再开始无菌操作。注意紫外灯对人体皮肤、眼镜会造成伤害，所以不可一边开着紫外灯一边进行实验操作。食品生产车间也可以用固定或移动的紫外灯进行空间消毒，如图1-2-5所示。

第一部分 基础实验

图 1-2-5 紫外灯消毒设备和紫外灯管

（四）过滤除菌

当培养基中含有一些不耐热的成分，如抗生素、血清、维生素、尿素时，可以采用过滤的方式除菌；当培养基对葡萄糖等成分要求较高时，也可采用该方法除菌。将需要除菌的成分配制成液体，再采用无菌过滤器除菌，通过机械阻挡作用达到无菌的目的。市场上滤膜和滤器的种类较多，不论采用何种滤膜和滤器，其孔径应小于细菌直径。滤膜常见孔径有 $0.2\mu m$ 和 $0.4\mu m$。过滤除菌的缺点是无法滤除液体中的病毒和小于滤膜孔径的细菌，如支原体。

常用的过滤除菌设备种类很多，如针头式滤器、玻璃微孔滤膜过滤器、蔡氏滤器等。针头式滤器（图 1-2-6）按照滤膜是否需要安装分为滤膜可更换和不可更换两种；按照过滤材质分为水性滤膜和油性滤膜。需要注意的是，所有的滤膜只能使用一次，不能反复使用。

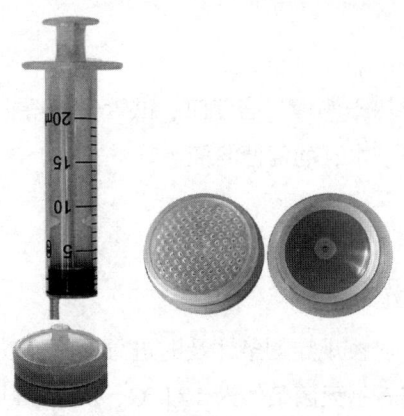

图 1-2-6 针头式滤器

· 17 ·

玻璃微孔滤膜过滤器（图1-2-7）包含漏斗式过滤杯、中间砂心过滤头（烧结滤头）、三角集液瓶以及不锈钢制固定夹。过滤器是选用高强度玻璃制成的，耐高温，并具有良好的耐压性，可以将玻璃过滤装置拆解后进行蒸汽灭菌。玻璃微孔滤膜过滤器需要和真空泵联合使用。真空泵通过抽真空，使接收三角瓶和玻璃漏斗之间出现压差，只有提供全洁净的真空环境才能实现快速过滤。

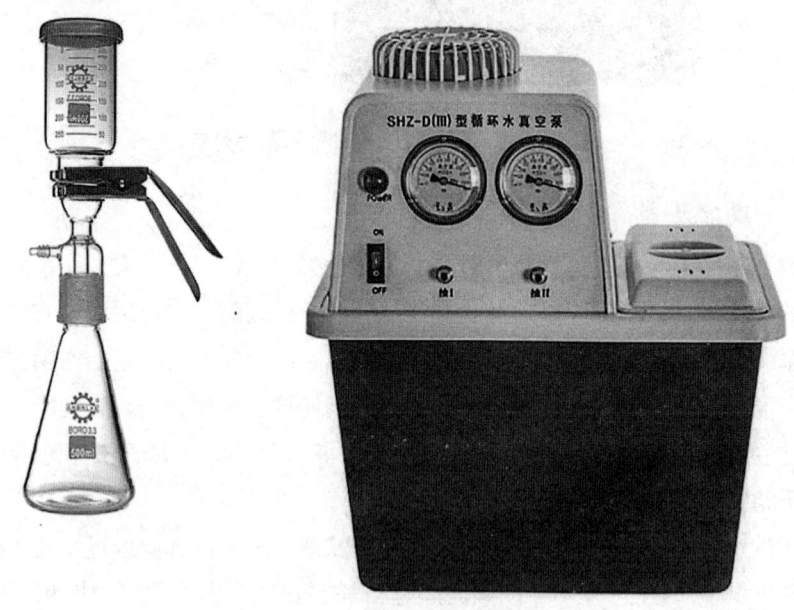

图1-2-7 玻璃微孔滤膜过滤器和循环水真空泵

三、实验材料

加压蒸汽灭菌锅、电热干燥箱、培养皿、试管、三角瓶、包装纸、待灭菌的普通培养基、生理盐水、去离子水、葡萄糖溶液等。

四、实验步骤

（一）加压蒸汽灭菌

培养基配制完成后，应按规定的条件及时进行灭菌，以保证不损伤培养基的有效成分和培养效果。普通培养基灭菌条件为121 ℃，20 min 或 115 ℃，30 min。

本实验以图1-2-2所示立式蒸汽灭菌锅为例，进行实验操作。

第一部分 基础实验

1. 加水

检查灭菌锅，压力表指针应在"0"位，排气阀应打开。接通电源，观察水位线的指示灯。如果缺水灯亮起，需要打开灭菌锅盖，向锅内加去离子水到水位线，即缺水灯不亮。此时也不要过分加水，如果高水位灯亮起，需要打开锅侧面的防水阀排出多余的水。

注意：

（1）水要加够，特别是两次灭菌之间要注意检查。由于第一次灭菌已经消耗了大量的水，二次灭菌要防止灭菌过程中出现干锅。

（2）应该使用去离子水，保护加热系统，防止水垢的形成。

（3）灭菌锅要定期排出锅内存水，清洗内锅。

2. 装料

将待灭菌的物品放入灭菌筐内，装有培养基的容器在放置时不要太倾斜，防止溢液。

培养皿要 10 ~ 12 个叠放在一起，放在双层报纸的一端，报纸左右两侧余出大约 9 cm，即一个培养皿的直径，然后滚卷形成圆筒状，两头余出的报纸折叠固定防止培养皿露出。装入灭菌锅时不要倾斜放置，防止报纸打湿后培养皿掉出。

玻璃移液管需要放入灭菌用铜桶内或用报纸包裹。

3. 加盖

灭菌材料放好后，关闭灭菌锅盖。如图 1-2-2 所示立式蒸汽灭菌锅，将锅盖推入保险销，然后旋转手轮，使锅盖下降，至完全密闭；如果是手提式加压蒸汽灭菌锅，需要使螺口对齐，采用对角式均匀拧紧锅盖上的所有螺旋，使蒸汽锅密闭，勿使其漏气。

4. 排气

打开排气阀，关闭安全阀。在数控面板上设定加热温度和时间。待水沸腾后，水蒸气和空气会一起从排气阀中排出，当有大量蒸汽排出时，数控面板显示温度在 100 ℃ ~ 101 ℃左右，维持 5 min，使锅内冷空气完全排净。图 1-2-2 立式蒸汽灭菌锅的侧面底部有一个放气和排水开关，此时需要关闭。

5. 升压

当灭菌锅内冷空气排净时，即可关闭排气阀，此时压力开始上升。如果是手提式加压蒸汽灭菌锅，在升压期间要开始监控压力，防止过高。

注意：

自灭菌开始就需要留人值守，防止出现缺水、跳闸或其他安全事故。

6. 保压

当压力上升至所需压力时，数控装置自动控制电加热，以维持恒温，并开始计算灭菌时间，待时间达到要求（一般培养基和器皿灭菌控制在121℃，20 min）后，自动停止加热。如果没有自动控制装置，需要值守人员计时和维持压力。

7. 降压

达到预定的灭菌时间后，立即停止加热，待压力自行降至零后，打开排气阀，使灭菌锅内外压力相等。

注意：

降压不能过早过急地排气，否则会由于瓶内压力下降的速度比锅内慢，造成瓶内液体培养基冲出容器之外。

8. 取料

旋开螺栓，打开锅盖，取出灭菌物品。关闭灭菌锅，拔下电源。如果长期不使用灭菌锅，需要把锅内的水排出。

培养基经灭菌后，用于制作斜面的固体培养基，灭菌后立即摆放成斜面，斜面长度一般以不超过试管长度的1/2为宜；半固体培养基灭菌后，垂直放置，冷凝后即成半固体深层琼脂；制作平板用的培养基在其凝固前应摇匀，然后用于平板制作或保存备用。

9. 灭菌检验

灭菌后的培养基根据需要可放于37℃培养箱中，经24 h培养后，若无菌生长，可视为灭菌彻底，室温或低温保存备用。

（二）干热灭菌

干热灭菌有火焰灼烧灭菌和热空气灭菌两种，此处介绍利用电热干燥箱进行的热空气灭菌。

1. 装入灭菌物品

将待灭菌的培养皿、试管、吸管等玻璃或金属制品，用报纸或铜桶包装，然后排放于电热干燥箱内，不要挡在加热或通风装置上，关好箱门。

2. 设置温度和时间

接通电源，设置温度为160℃，设置时间为2 h。

3. 升温

设置温度和时间后,电热干燥箱自行升到设定温度。

4. 维持

密切注意电热干燥箱的性能与温度变化,维持 2 h。

注意:

(1) 电热干燥箱使用时应有人值守,防止发生事故。

(2) 一旦箱内发生燃烧,应该首先切断电源,降低危害。

5. 降温

灭菌完毕后,应切断电源,让其自然降温。

6. 取料

待干燥箱内温度降至 60 ℃以下,才能打开箱门取出物品,防止烫伤。

五、实验结果与报告

(1) 记录灭菌前后培养基物理性质的变化和无菌检查结果。

(2) 灭菌后的培养基经过检查是否出现染菌现象。

六、思考题

(1) 试述灭菌或除菌方式的优缺点与其适用范围。

(2) 加压蒸汽灭菌的原理是什么?

(3) 蒸汽灭菌锅的盖上有哪些部件,它们各起什么作用?

(4) 比较加压蒸汽灭菌的葡萄糖和过滤除菌的葡萄糖,二者性状有何不同,为什么?

实验三 环境微生物的检测和菌落形态观察

一、实验目的

(1) 识别不同微生物的菌落形态。

(2) 制作无菌平板。

(3) 树立无菌操作观念。

(4) 养成安全卫生习惯。

二、实验原理

在人类的生存环境中，微生物几乎无处不在，而且种类和数量超乎想象。这既给我们分离菌株带来方便，也为研究微生物和确保食品卫生带来一定困难。要做好微生物实验，首先就要树立微生物无处不在的观念，明确无菌操作的重要性，在实验中严格遵守操作规范。

微生物虽然个体微小，但在培养基表面能形成肉眼可见的微生物群体形态，即菌落。如果培养基表面的菌落是由一个细胞或孢子生长繁殖而成的，那么这个菌落就称为纯菌落。菌落形态大小受培养基和邻近菌落影响，菌落靠得太近，由于营养物有限和有害代谢物的分泌与积累，生长受到抑制，菌落较小；菌落相隔较远时，获得的营养充分，菌落则较大。每一种菌在一定的培养条件下，菌落特征是一定的，有利于我们对微生物进行辨认区分。

细菌、放线菌、酵母菌和霉菌这四大类微生物在固体培养基表面形成的菌落各有其独特性，通过菌落形态能够较准确地区分这四大类微生物。

细菌菌落多数湿润、黏稠、易挑起、质地均匀、菌落各部位的颜色一致等。但是，一些细菌形成的菌落具有表面粗糙、有褶皱感等特征。

放线菌在固体培养基上菌落的主要形态为质地致密、丝绒状或有皱折、干燥、不透明，上覆盖有不同颜色的干粉（孢子），菌落正反面的颜色常因基内菌丝和孢子所产生的色素各异而不一致，因基内菌丝与培养基结合较紧，故不易挑起。放线菌菌落比霉菌菌落要小，有较为明显的土腥儿味。

酵母菌的菌落形态特征与细菌的菌落相似，但比细菌菌落大而厚，较湿润，表面较光滑，多数黏稠且不透明，菌落颜色单调，多数呈乳白色，少数红色，个别黑色。酵母菌生长在固体培养基表面，容易用针挑起，菌落质地均匀，正反面及中央与边缘的颜色一致。有些酵母菌种因培养时间太长，菌落表面可能出现皱缩。

霉菌的细胞呈丝状，与细菌、酵母菌差异很大，而与放线菌接近。霉菌菌落形态较大，质地一般比放线菌菌落疏松，菌丝体发达，菌丝清晰可见，外观干燥、不透明，呈现或紧或松的蛛网状、绒毛状或棉絮状；菌落与培养基的连接紧密，不易挑起，菌落正反面的颜色和边缘与中心的颜色常不一致。

观察菌落特征，需要使用平板接种，并在平板上形成单菌落。制作平板时，不能让外来微生物污染平板；培养后也不能让平板上长出的菌落污染周围环境，需要对长菌平板进行及时无害化处理，养成实验室安全卫生习惯。

三、实验材料

9 cm 无菌培养皿、酒精灯、接种环、电炉、酒精棉球、棉签、洁净工作台、培养箱等。

牛肉膏蛋白胨培养基、PDA 培养基、高氏 1 号培养基、无菌水、70% 酒精等。

四、实验步骤

（一）融化培养基

将装有固体培养基的三角瓶放在电炉上，不断移动三角瓶，均匀缓慢加热，直至完全融化。最好用灭完菌的培养基直接制备平板，既可以避免反复加热对培养基造成的不良影响，又可以免去二次融化浪费时间。如果条件允许，可以使用微波炉进行融化，但是要注意观察，防止过分加热造成培养基沸出。从沸腾到完全融化，大约需要保持高温 5 min。

注意：

（1）加热要均匀缓慢，不要操之过急，防止过热造成培养基溢出或糊瓶。

（2）融化培养基时不要去掉三角瓶封口膜。

（二）清理工作台面

清理进行实验的洁净工作台，移出不必要的物品，保留酒精灯等必需的仪器设备，用 70% 的酒精擦拭台面。将空培养皿摆放着酒精灯的左侧，关闭洁净工作台的挡板，打开紫外灯，照射 20 min。

（三）自然冷却培养基

等待培养基自然冷却到 50 ℃～ 60 ℃。如果需要在培养基中加入抗生素、血清、维生素等不耐热物质，可以等培养基温度继续降低至可以手持为宜，此时温度大约在 45 ℃～ 50 ℃。

注意：培养基此时的温度不易测量，因此以能否手持为依据，判定温度大约所在的区间。如果不能手持，说明温度太高；如果感觉略烫，但可以短暂手持，表明温度大约在 45 ℃～ 50 ℃；如果手持感觉不烫，此时的培养基温度已经较低，需要立即倒板，否则会很快凝固。

（四）倒平板

（1）关闭紫外灯，打开风机和照明灯，开启工作台挡板，把培养基放入工作台酒精灯右侧。以酒精棉球清洁手部，点燃酒精灯。

（2）在超净台中打开三角瓶，按照培养基配方浓度，加入抗生素、血清、维生素等不耐热物质试剂，轻轻摇匀，避免幅度太大产生气泡。

（3）右手托持三角瓶下部，将三角瓶口朝向酒精灯，在火焰周围5 cm左右，取下瓶口封口膜。

（4）左手持平板皿，食指和拇指控制培养皿上盖的开和关，其余三指托住培养皿下盖，同样凑近在火焰周围5 cm左右处，如图1-3-1所示。

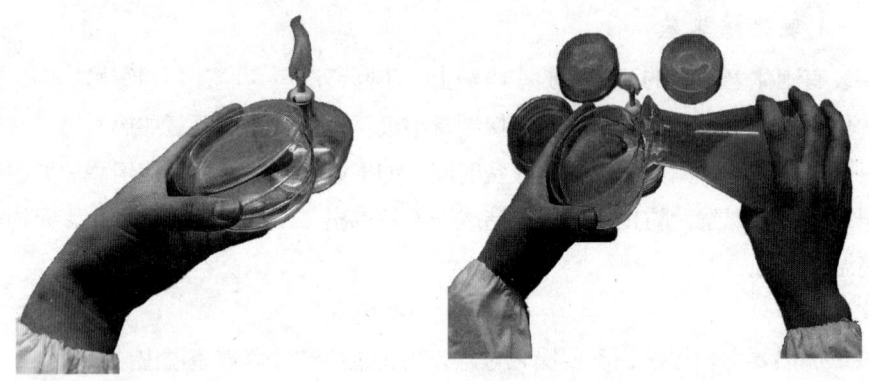

图1-3-1　持皿和倾注平板

左手食指和拇指夹住培养皿上盖，开启一个小口，将培养基倒入培养皿内。根据实验需要确定倒入培养基的体积，通常为培养皿的1/3左右，约15～30 mL。倒好的培养皿水平放于台面上，使其完全凝固。

注意：

①如果操作者感觉三角瓶较烫，不能长时间手持，可以用报纸等包住瓶底，然后进行倒板。注意，由于操作十分靠近酒精灯，不要点燃报纸。

②最好将三角瓶中的培养基一次性倒完，不要留存，留存的培养基很容易染菌。

（五）检测

（1）空气中微生物的检测：取一个PDA培养基制作的无菌培养皿，打开上盖，让其在空气中暴露10 min，空气中的微生物或含有微生物的尘埃会沉降到平板培养基的表面，然后盖上培养皿盖。

（2）台面上微生物的检测：取无菌棉签，以无菌水湿润，然后擦拭台面上要检测的部位。左手持培养皿，靠近酒精灯无菌区，取一个牛肉膏蛋白胨培养皿，打开培养皿盖的一侧，右手将该棉签在培养皿表面轻轻划"Z"字线，接种到培养基表面，

第一部分 基础实验

感受培养基的硬度，不要太用力划破培养基表面。

（3）口腔中微生物的检测：打开一个牛肉膏蛋白胨培养皿，使口腔对准培养基表面，通过打喷嚏或咳嗽的方式进行接种；用无菌棉签在口腔内部轻划取菌样，凑近酒精灯，打开培养皿，左手持培养皿，右手将取样后的棉签在平板上划线，然后盖上培养皿盖。

（4）土壤中放线菌的接种：取干燥的菜园土壤1g，放在滤纸表面轻研，倾去土壤，此时滤纸表面还附有稍许土壤残渣。取高氏1号培养基培养皿，让滤纸接触土壤的一面朝向平板培养基，轻弹两次，然后盖上培养皿盖。

（六）标记

用记号笔将采用部位、日期、组别等信息，以较小的字体记录在培养皿下盖的边缘位置，以不影响观察为宜。

（七）培养

将各个培养皿分别倒置于恒温培养箱中进行培养。牛肉膏蛋白胨培养基培养皿，37 ℃培养，24～48 h后观察结果；PDA培养基培养皿和高氏1号培养基培养皿，28 ℃培养，霉菌和放线菌生长较慢，可以将培养皿继续培养4～7 d。

（八）观察

将观察到的结果记录在下表中，对菌落形态进行简单描述和分类判定。

（九）清洗

将观察完毕的含菌平板放在沸水中煮沸10 min或放在灭菌锅中再次灭菌。杀死培养基中的微生物之后，再进行清洗。清洗后的培养皿晾干，成套倒置存放。

五、实验结果与报告

（1）将实验结果记录在表1-3-1中，并简单描述菌落的大小、颜色、干燥或湿润、隆起或扁平、中央边缘是否一致等。

表1-3-1 不同环境微生物观察统计

检测部位	培养基名称	菌落数	菌落形态特征	分类
空气	PDA			
台面	牛肉膏蛋白胨			

续表

检测部位	培养基名称	菌落数	菌落形态特征	分　类
口腔	牛肉膏蛋白胨			
土壤	高氏1号			

（2）根据四大类微生物的菌落特征，判别平板上的微生物各属于什么类型。

六、思考题

（1）不同培养基培养皿上长出的菌落是否一样，为什么？

（2）每种培养基上只长出一种菌落吗？为什么？

（3）通过本次的实验结果，你对食品加工环境有什么认识上的改变？

实验四　斜面接种

一、实验目的

（1）能根据需要制造接种工具。

（2）能掌握斜面接种的方法。

（3）养成无菌操作规范。

二、实验原理

接种针和接种环是微生物实验室常用的接种工具，其结构包括塑料绝缘柄、金属柄、固定螺旋帽、镍铬接种丝四部分，如图1-4-1所示。

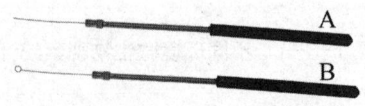

图1-4-1　接种针和接种环

制作接种工具时，先旋下接种棒头部的螺旋帽，将镍铬接种丝插入金属柄头部中央的空隙中，旋紧螺线帽。接种工具顶端的金属接种丝可以是平直的，也可以是环状的，分别如图1-4-1中A和B所示。接种针（图1-4-1 A）一般可用于穿刺接种，穿刺时易选用较硬些的接种丝；制作接种环（图1-4-1 B）时，将火柴棍或牙签放在镍铬丝的中间部位，对折金属丝，然后旋转火柴棍形成环状。接种环较适合刮取或划线分离微生物，实验室中较常用。

斜面接种就是用接种针将微生物从一个平板培养物或斜面培养物接种至另一个斜面培养基上的方法。由于斜面试管开口小，有利于密封，能够保持水分，避免污染，一般用于保藏菌种，不能用于分离单菌落。因此，在斜面接种过程中，要严格无菌操作，避免在斜面接种过程中污染杂菌。培养后的斜面应该放在冰箱中低温冷藏，不能冷冻。

三、实验材料

9 cm培养皿、试管、酒精灯、接种环、酒精棉球、灭菌锅、记号笔、酒精、牛肉膏蛋白胨培养基、PDA培养基等。

酿酒酵母（*Saccharomyces cerevisiae*）、埃希氏大肠杆菌（*Escherichia coli*）。

四、实验步骤

从培养皿到试管的斜面接种与从试管到试管的斜面接种略有不同，从试管到试管的斜面接种操作，如图1-4-2所示。培养皿到试管的斜面接种较为简单，下面我们以此为例进行说明。

食品微生物实验指导

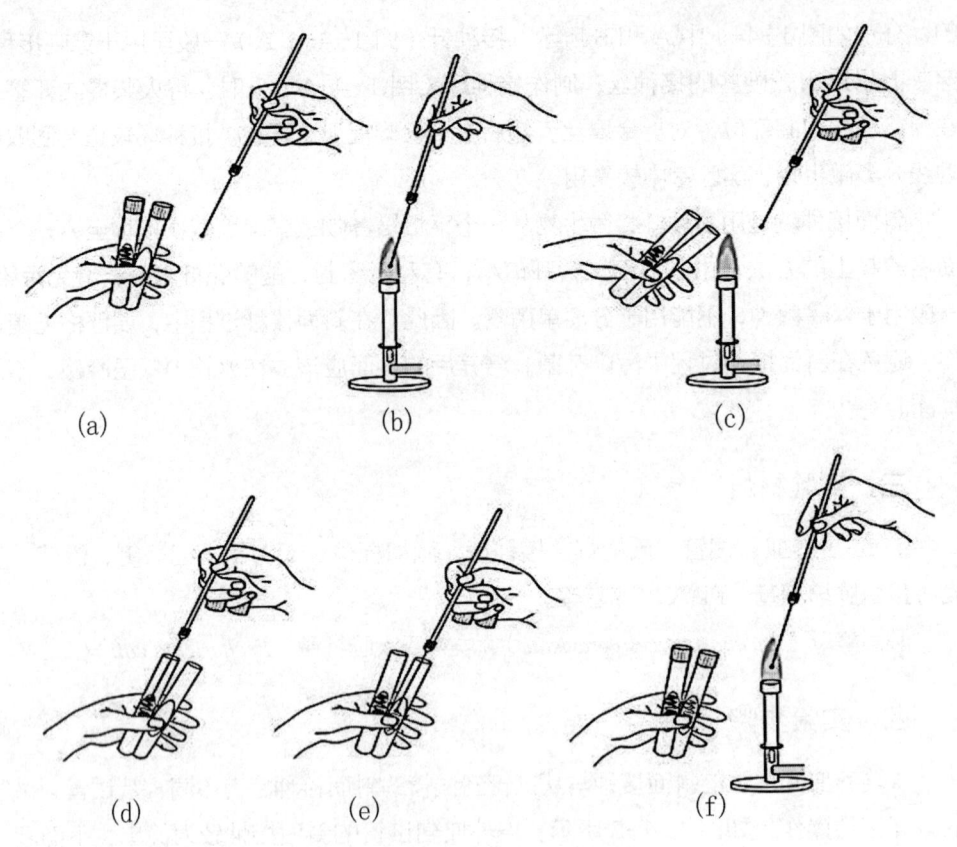

图 1-4-2 斜面接种过程

（一）标记斜面试管

在标签上用记号笔写上菌株名称、接种日期、组别等信息，揭下标签贴在试管的中上部，接近管口 1～4 cm 处，也可用记号笔直接标记在试管上，如图 1-4-3 所示。

· 28 ·

第一部分　基础实验

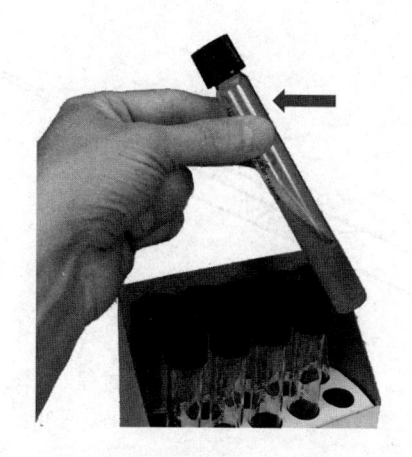

图 1-4-3　斜面标记

注意：
（1）不要贴在斜面正上方，避免挡住视线。
（2）菌株名称可简写。

（二）旋松试管塞

将试管口的塞子旋松，便于接种时能够较容易地拔出来，然后将试管放在试管架上。应该选取试管内没有水珠的斜面。

（三）灼烧接种环

点燃酒精灯。右手持接种环，整理接种环，使金属丝部分平直，略向下弯曲，接种环平整圆滑。右手持接种环，置于酒精灯外焰中，缓慢移动灼烧，接种环部分灼烧至红。凡是伸入到培养皿或试管内侧的部分均需要灼烧，以达到杀死接种环上微生物的目的。

（四）培养皿取菌

在酒精火焰 5 cm 周围，左手持培养皿，中指、无名指和小指三指托着培养皿下盖，食指和拇指控制上盖打开，右手将接种环伸入到培养皿上的菌落部位，用接种环的头部轻轻刮取菌体，取出接种环，盖上培养皿盖，将培养皿倒置在一旁。

（五）斜面划线

左手持菌株斜面的中下部，右手小指夹紧试管塞拔出。将试管口在火焰上灼烧 2～3 次，将接种环伸入到斜面试管内，用接种环的头部由里往外轻轻划密集的"Z"字线，抽出，如图 1-4-4 所示。将斜面试管口在火焰上再次灼烧杀菌，将右手小指握住的塞子塞回试管。

· 29 ·

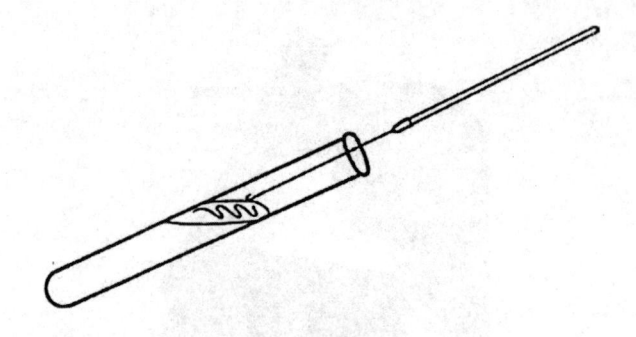

图 1-4-4　斜面划线过程

（六）灼烧残菌

划线结束后还需要将接种环置于火焰上灼烧，以便彻底烧除残余菌体，凡是伸入到培养皿或试管内侧的部分均需要灼烧，接种环部分灼烧至红。灼烧后的接种环才可放到桌面上，保证操作安全，防止周围受到污染。

注意：

（1）酵母菌和细菌接种可以在超净工作台上，打开风机进行操作。若是霉菌或放线菌则需要在无风处进行操作，防止孢子飞散。

（2）操作应该在酒精灯的无菌区操作，防止染菌。

（七）恒温培养

将斜面置于培养箱中，酿酒酵母于 25 ℃培养 3～5 d 观察结果；大肠杆菌于 37 ℃培养 1 d 观察结果。

（八）清洗

将有菌平面放在热水中煮沸，进行灭菌，消除污染后再清洗、晾干，备用。

五、实验结果与报告

（1）描述斜面划线长出的菌苔形态。

（2）观察接种的斜面是否染菌，若染菌分析原因。

六、思考题

（1）接种斜面时，是划成致密的菌苔好，还是一条清晰的直线好？为什么？

（2）总结一下如何操作才能防止杂菌污染斜面？

（3）如何从斜面接种到培养皿？

实验五 平板划线法分离微生物

一、实验目的

（1）解释平板划线分离微生物的原理和适用范围。
（2）进行平板划线操作获得单菌落。
（3）树立无菌操作观念。

二、实验原理

平板划线分离微生物，是把混杂在一起的不同或同一微生物群体中的不同个体，通过在平板培养基表面多次划线稀释，得到独立分布的单个细胞，再经过适当时间培养后，形成独立可见的细胞群体集落，称为菌落。每一种细菌所形成的菌落都有它自己的特点，如菌落的大小、表面干燥或湿润、隆起或扁平、粗糙或光滑、边缘整齐或不整齐、菌落透明或半透明或不透明，颜色以及质地疏松或紧密，等等。通常把这种分离的单菌落当作微生物纯种。但是，有时这种单菌落并非都由单个细胞繁殖而来，所以需要经过3次或更多次的反复分离才可以得到纯种。

接种环比较适合刮取菌体，实验室使用较多。接种环与接种针相比不容易刺破平板培养基，较适合本次划线分离微生物。根据经验，划线时可先将平板大致分成A、B、C三个区域，分区面积A区<B区<C区，A区划线密集，保证菌体要接种到平板上；B区划线由A区开始，与A区接触2~3次之后不再与A区接触，并且划线距离逐渐拉大；C区划法与B区类似，占满剩余平板区域，如图1-5-1所示。

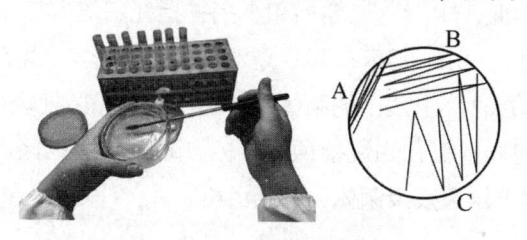

图1-5-1 平板划线分离操作

三、实验材料

9 cm 无菌培养皿、酒精灯、接种环、电炉、酒精棉球、牛肉膏蛋白胨培养基、PDA 培养基等。

酿酒酵母（*Saccharomyces cerevisiae*）、埃希氏大肠杆菌（*Escherichia coli*）等。

四、实验步骤

（一）融化培养基倒平板

将牛肉膏蛋白胨培养基和 PDA 培养基融化，自然冷却到 55 ℃～60 ℃。手部用酒精棉球消毒。左手持皿，右手持培养基瓶，在火焰周围 5 cm 左右处，倾倒平板。待其完全凝固后备用。

（二）作分区标记

初学者可在培养皿下盖的外侧边缘做分区标记，熟练后可以不再标记。分区面积 A 区 <B 区 <C 区。

（三）灼烧接种针

调整接种环，使金属丝部分平直，接种环的头部平整圆滑。右手持接种环，置于酒精灯外焰中，缓慢移动灼烧，凡是伸入到培养皿或试管内侧的部分，均需要灼烧，以达到杀死接种环上微生物的目的。

（四）划线操作

（1）左手持菌株斜面的中下部，右手小指夹紧试管塞拔出，将接种环伸入到菌株斜面上，在边缘处轻点，使之降温，然后轻轻刮起少量菌体，抽出。斜面试管的口部在火焰上灼烧杀菌，将右手小指的塞子塞回试管。

（2）左手取培养皿，中指、无名指和小指三指托着培养皿下盖，食指和拇指控制上盖打开，按照图 1-5-1 所示，开始划线。先划 A 区，线条可以重复；划完 A 区后，在火焰上烧掉接种环上残余的菌体，在培养基上无菌处轻点，降温，开始划 B 区；划完 B 区后，同样重复，灼烧接种环，轻点降温，划 C 区。待都划完后，还需要将接种环置于火焰上烧去残余菌体，防止污染。

注意：

①划线操作应该在酒精灯火焰附近进行，防止杂菌污染。

②初学者轻握接种环，尽量保持水平，防止划线用力过大刺破培养基。接种环与平板之间的夹角越小，培养基表面受力越轻，有助于减少培养基划破的现象。

③平板表面不应该有较多冷凝水,否则会影响划线分离效果。

(五) 恒温培养

将划线平板倒置于培养箱中,酿酒酵母于 25 ℃培养 3 d,观察结果;细菌于 37 ℃培养 1 d,观察结果。

(六) 清洗

所有用过的有菌物品,在清洗之前都需要进行灭菌,消除污染后再清洗、晾干,备用。

五、实验结果与报告

(1) 观察划线结果,是否达到预期,总结经验或分析失败原因。

(2) 记录所观察的两种菌的菌落形态,对比描述,若有杂菌生长也一并填入表 1-5-1 中。

表 1-5-1 菌落形态报告

菌 株	菌落形状	菌落颜色	气 味	污染杂菌 数 目	污染杂菌 形 态	培养基表面是否划破

六、思考题

(1) 平板划线进行纯种分离的原理是什么?

(2) 平板培养微生物为什么要倒置?

(3) 分析为什么平板表面的冷凝水会影响分离效果?

(4) 为保证划线效果都进行了哪些防止染菌的操作?

实验六 平板分离技术和活菌计数

一、实验目的

（1）比较浇注平板法和涂布平板法分离微生物的区别。
（2）能运用梯度稀释技术和平板分离技术对微生物进行纯化或计数。
（3）养成细致严谨的实验学习习惯。

二、实验原理

微生物体积微小，杂居混生，浇注平板法或涂布平板法分离微生物是常用的微生物实验技术。该方法不仅可以用来分离微生物，还可以用于微生物浓度的测定。使用平板分离微生物之前，需要用生理盐水对样品等稀释液作10倍系列梯度稀释。取连续2~3个浓度梯度的溶液0.1 mL或0.2 mL进行浇注或涂布平板，如图1-6-1所示。目的是使平板上长出来的菌落数量在30~300CFU之间，便于区分和计数。

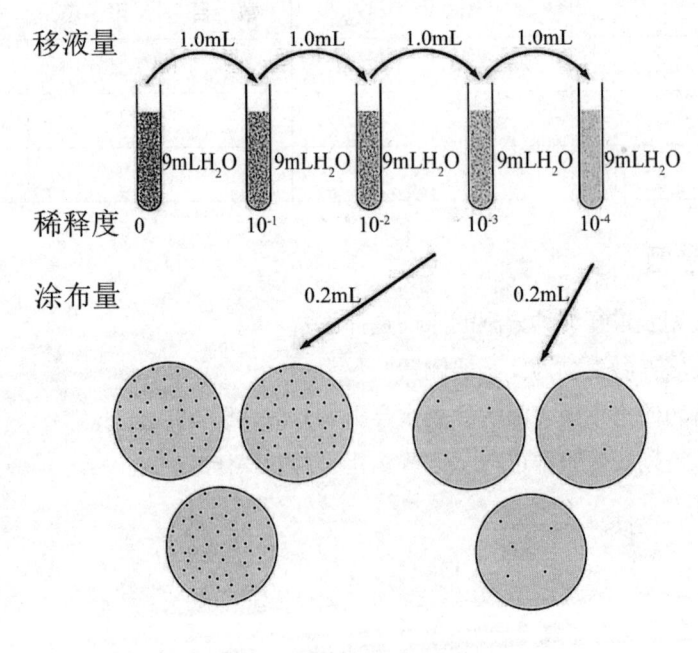

图1-6-1 十倍梯度稀释

浇注平板法是将菌液滴加在平板中央，将融化后温度降为45℃左右的固体培养基立即倒入平板，在水平桌面上做平稳移动，混匀菌液和培养基，置于适温下培养。浇注法培养后的菌落生长在培养基表面和内部，生长在培养基内部的菌落生长受到固体培养基的限制，菌落都较小，且成球形、纺锤形、椭圆形；生长在培养基表面的细菌能形成正常的菌落形态。若想预防菌落蔓延扩散的情况出现，可以待培养基凝固后，额外再倾注一层培养基，使所有菌落都处于固体培养基的包裹中。

涂布平板法是先制作无菌平板，将菌液滴加在平板培养基中间，用无菌涂布器将液体在平板上涂布均匀。为防止平板表面积累较多水分，造成菌落连成一片无法分辨，需要使用提前制作好的平板，也可涂布较长时间使水分渗入培养基中，然后置于适温下培养。涂布平板法对培养基的温度没有要求，而且能够较好地观察菌落的形态，比倾注平板法更适用于混杂微生物的分离和观察，但是需要使用涂布器。

三、实验材料

高压蒸汽灭菌锅、超净工作台、电子天平、恒温培养箱、1 mL 和 10 mL 无菌吸管或微量移液器及吸头、250 mL 无菌三角瓶、无菌试管、直径 90 mm 无菌培养皿、pH 计或精密 pH 试纸、放大镜或菌落计数器、酒精灯、涂布器等。

牛肉膏蛋白胨培养基、无菌生理盐水、经过夜培养的大肠杆菌发酵液。

四、实验步骤

（一）浇注平板法

1. 编号

取 8 支无菌试管，依次编号为 10^{-1}、10^{-2} 直到 10^{-8}。

取 10 套浇注用培养皿，留一个做空白对照，其余 9 个分成 3 组，每组 3 个，依次标记 10^{-6}、10^{-7}、10^{-8}。可根据菌液浓度对稀释度进行适当调整。

2. 分装稀释液

用移液器或无菌移液管，在无菌操作条件下吸取 9 mL 无菌生理盐水，并转移到上述标记后的试管中。也可提前制备含 9 mL 生理盐水的试管，灭菌后备用。

3. 梯度稀释菌液

（1）稀释待测菌液原始样品时，先将其充分混匀。

（2）用一支 1mL 无菌吸管从原始样品瓶中吸取 1mL 菌悬液，转移入 9mL 无菌生理盐水的大试管中，将该吸管放回原始样品瓶中；另取一支新的无菌吸管吹吸试管内的菌液，充分混匀，制成 10^{-1} 稀释管。

（3）用吸管从混匀后的试管中吸取 1mL 菌液，重复步骤（2）移入另一支盛有 9mL 无菌生理盐水的试管中，另取一支新的无菌吸管吹吸混合均匀，制成 10-2 稀释管。

（4）稀释管以此类推制成 10^{-1}、10^{-2}、10^{-3} 直到 10^{-8}，得到不同稀释度的菌溶液。如图 1-6-2 所示为使用移液管进行的梯度稀释。

注意：

①操作时，要接触上一稀释度的移液管管尖，不能接触下一稀释度的液面，每一个稀释度换一支试管。

②移液时要迅速，不要滴洒出菌液。万一菌液滴洒到桌面上，要用 75% 的酒精擦拭消毒处理，防止细菌污染。

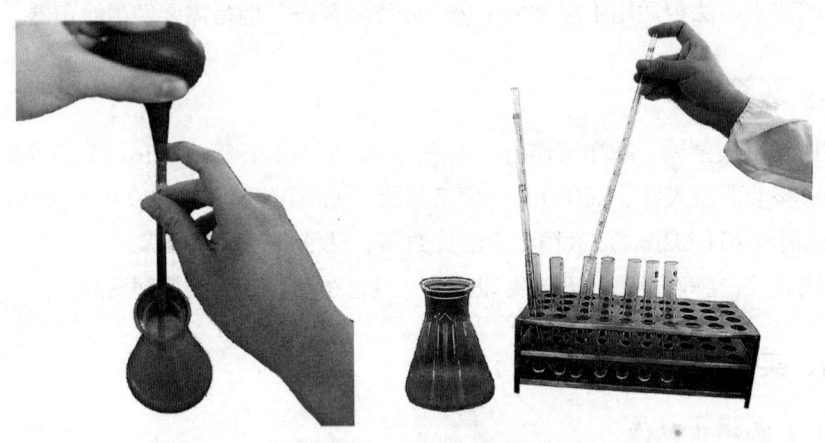

图 1-6-2　用移液管进行梯度稀释

4. 转移菌液

选取 10^{-6}、10^{-7} 和 10^{-8} 三个试管稀释液，用无菌吸管从低浓度向高浓度各吸取 0.2 mL 菌液，小心地滴在对应平板表面的中央位置。

5. 浇注平板

将充分融化并冷却到 45 ℃ 的培养基立即倒入平板内，轻轻水平旋转培养基和菌液，使之充分混匀后，水平放置待其彻底凝固。

6. 恒温培养

将含菌平板倒置，放于 37 ℃ 的恒温培养箱中，培养 12～24 h。

7. 计数

菌落计数以菌落形成单位 CFU（colony-forming units，CFU）表示。选取每个培养皿单菌落数量大约在 30-300 CFU 的平板，进行计数。计数时可以用记号笔在培养皿背面点涂菌落，以防错计。密度较高的平板，可以象征性地选择 1/8 ～ 1/4 面积进行粗略计数。

（二）涂布平板法

1. 编号

取 10 套无菌培养皿，将充分融化的培养基倒入平板内，留一个做空白对照，其余 9 个分成 3 组，每组 3 个，依次标记 10^{-6}、10^{-7}、10^{-8}。可根据菌液浓度对稀释度进行适当调整。

取 8 支无菌试管，依次编号为 10^{-1}、10^{-2} 直到 10^{-8}。

2. 分装稀释液

用移液器或无菌移液管，在无菌操作条件下吸取 9 mL 无菌生理盐水，转移到上述标记后的试管中。

3. 梯度稀释菌液

（1）稀释待测菌液原始样品时，先将其充分混匀。

（2）用一支 1 mL 无菌吸管从中吸取 1 mL 菌悬液，移入 9 mL 无菌生理盐水的大试管中，充分混匀，制成 10^{-1} 稀释管，与（一）浇注平板法相同。

（3）用另一支新的无菌吸管从此试管中吸取 1 mL 菌液，移入另一支盛有 9 mL 无菌生理盐水的试管中，混合均匀，制成 10^{-2}。

（4）稀释管以此类推制成 10^{-1}、10^{-2}、10^{-3} 直到 10^{-8}，得到不同稀释度的菌溶液。图 1-6-3 所示为使用移液管进行的梯度稀释。

注意：

①操作时，接触上一稀释度的移液管管尖，不能接触下一稀释度的液面，每一个稀释度换一支试管。

② 移液时要迅速，不要滴洒出菌液。万一菌液滴洒到桌面上，要用 75% 的酒精擦拭消毒处理，防止细菌污染。

食品微生物实验指导

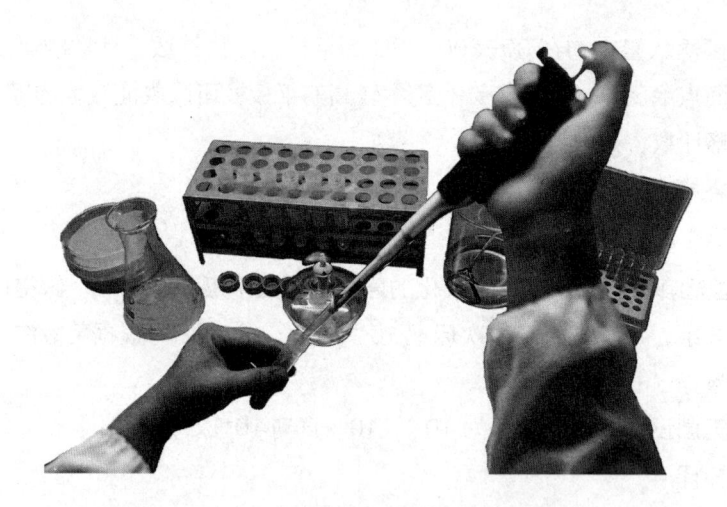

图1-6-3 用移液器进行梯度稀释

4. 转移菌液

选取 10^{-6}、10^{-7} 和 10^{-8} 三个试管稀释液，用无菌吸管分别从中各吸取 0.2 mL，小心地滴在对应平板表面固体培养基中央位置。

5. 涂布平板

（1）右手拿涂布棒浸 95% 酒精，提出，在酒精灯火焰上灼烧，将要伸入到培养皿中的部分都要灼烧到。

（2）左手持培养皿，将皿盖开启一条小缝，将涂布棒在无菌部位轻点降温，然后将中央的菌液均匀涂开，涂满培养基表面，如图 1-6-4 所示。

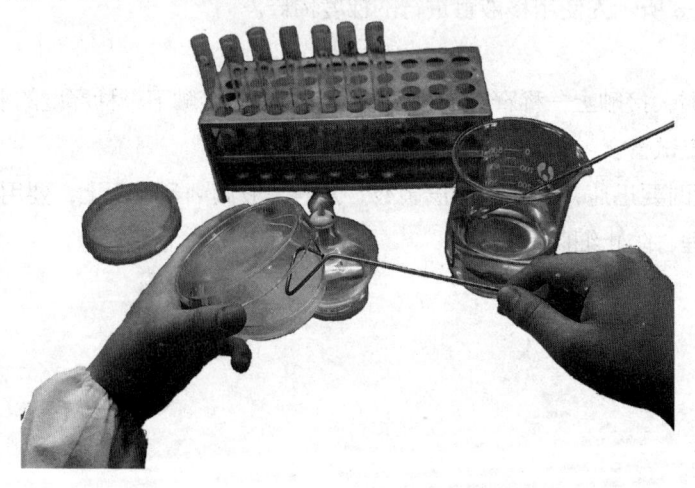

图 1-6-4 用涂布棒涂布平板

（3）涂布器使用完成后，置于火焰上灼烧灭菌，防止污染。

注意：

①涂布棒处于高温时不要直接接触菌液，防止微生物高温死亡。

②尽量轻柔涂布，防止培养基表面破损。

③放入培养箱培养前，培养基表面不能有流动的液体，以防细菌菌落连成一片。

6. 恒温培养

将含菌平板倒置，放于37 ℃恒温培养箱中，培养12～24 h左右。

7. 计数

同浇注平板法。

8. 挑取单菌落

用灭菌后的接种环挑取单菌落，置于无菌平板或斜面上，近一步培养后保存或应用。

五、实验结果与报告

（1）将浇注平板法和涂布平板法的结果填入表1-6-1。

表1-6-1　活菌计数报告

稀释度	浇注平板法（CFU/皿）			涂布平板法（CFU/皿）		
	1	2	3	1	2	3
10^{-6}						
10^{-7}						
10^{-8}						
发酵液浓度（CFU/mL）						

（2）观察两种方法得到的计数结果是否一致，如果不一致分析原因。

六、思考题

（1）为什么用冷却至45 ℃的培养基倾注培养皿？

（2）CFU是什么意思，为什么不直接表示为总菌数？

（3）琼脂在固体培养基中的作用是什么？优点有哪些？

（4）浇注平板法培养基表面的菌落和培养基内部的菌落形态是否一致，分析其形成的原因？

（5）本实验存在哪些影响计数准确性的关键操作？

实验七　选择性培养基分离微生物

一、实验目的

（1）解释选择性培养基的原理。
（2）运用选择性培养基分离特定微生物。
（3）养成认真观察、仔细研判的实验素养。

二、实验原理

从混杂微生物群体中分离、纯化某一种或某一株微生物的过程是微生物学的常规工作之一，其基本原理是创造特殊的适于待分离微生物的生长条件，如营养成分、酸碱度、温度和氧等，或加入某种抑制剂以利于待分离微生物生长，同时抑制其他微生物生长，从而淘汰杂菌。

土壤是微生物生活的大本营，其中含有数量和种类都极其丰富的微生物，能够分离、纯化得到许多有价值的菌株。例如，固氮微生物可以提高土壤中的氮元素含量，增加植物对氮元素的吸收，有利于植物生长，具体如图1-7-1所示。

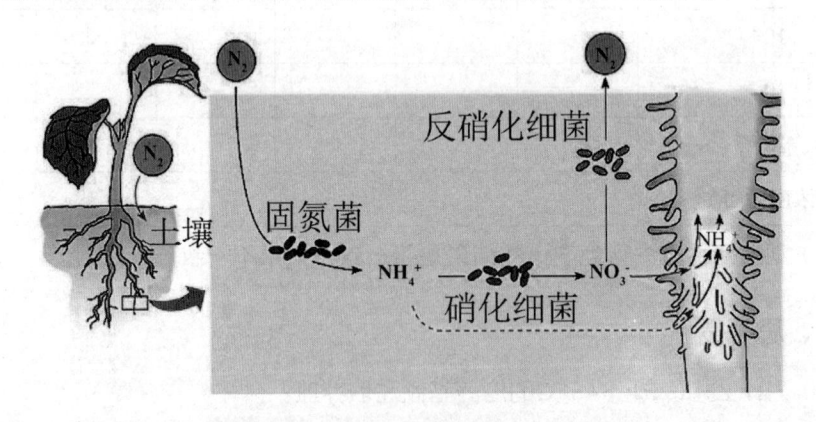

图1-7-1　固氮微生物促进植物氮吸收

微生物的分离与纯化常用平板分离法。微生物在固体培养基上生长形成的单个菌落，通常是由一个细胞繁殖而成的集合体。获取纯种菌落或克隆的方法主要靠稀释涂布平板或平板划线等技术完成。需要注意的是，从微生物群体中经分离生长在平板上的单个菌落并不能保证是纯培养。因此，纯培养的确定除观察其菌落特征外，还要结合显微镜检测个体形态特征，经过一系列分离与纯化过程和多种特征鉴定才能得到。

本实验中使用以下3种具有代表性的选择性培养基分离特定微生物。

（一）阿须贝氏（Ashby）无氮培养基

阿须贝氏培养基中不含有氮源，可以从土壤中分离固氮菌。该培养基中以甘露醇或葡萄糖作为碳源，含有无机盐，只有能够利用空气中的N_2作为氮源的微生物才能较好地生长在该培养基中，因此能够达到选择性富集的效果。经过富集培养后，经常出现的是褐球固氮菌（*Azotobacter chroococcum*）和拜氏固氮菌（*A. beijerinckii*），这两种菌在平板上长出棕褐色的菌落，但拜氏固氮菌因荚膜较厚，其菌落具有色浅和黏糊的明显特征；维涅兰德固氮菌（*A. vinelandii*）也常出现在培养基上，其菌落黏稠而无色，能分泌少量水溶性绿色色素。固氮菌在平板上的菌落大而黏稠，扩散快，并混杂有其他微生物，倒置培养很容易滴落下来，需要及时观察和进一步分离。

（二）酵母富集培养基

通常，酵母菌适于在含糖量高和酸度高的自然环境中生长，果园土、水果、蔬菜、花蜜等的表面很容易找到它们，但与杂菌相比数量较少，因此需要进行富集，否则较难获得。根据酵母菌生长的特点，富集培养液中含有5%的葡萄糖，浓度相对较高，pH为4.5，高酸度，还有能抑制许多杂菌生长的孟加拉红，因此该富集培养液有利于酵母菌的富集。

（三）马丁氏（Martin）培养基

土壤中虽然存在相对数量较少的真菌，但是较易从中直接获得真菌，因此一般不富集。然而，某些真菌的气生菌丝生长旺盛，易蔓延，对分离和计数均不利。实验表明，马丁氏培养基中含有的孟加拉红和链霉素可以有效抑制细菌的生长和霉菌菌丝蔓延，从而达到选择性分离的目的。

三、实验材料

取样铲、三角涂布器、酒精灯、培养皿、接种针、试管塞、装有4.5mL无菌水的试管、移液器、玻璃棒、pH试纸5.5～9.0、装有玻璃珠和100mL无菌水的三角瓶、灭菌锅、培养箱、摇床、天平等。

无水乙醇、磷酸二氢钾、硫酸镁、氯化钠、碳酸钙、甘露醇、硫酸钙、琼脂、葡萄糖、尿素、硫酸铵、磷酸氢二钠、硫酸亚铁、酵母膏、孟加拉红、蛋白胨等。

四、实验步骤

(一)采集土样

根据下列方法提前进行取样。取回后放于4℃冰箱中,供第二天使用(样品不易存放过久)。

1. 布点

根据土壤类型和作物种植品种分布,按土壤肥力高、中、低分别采样。采样点要做到尽量均匀和随机。应用采样区地图确定采样的地块和采样点,并在图上标出,确定调查采样的路线和方案。

面积小,地势平坦,肥力均匀的田块,可采用对角采样法;面积中等,地势平整,有些肥力差异的田块,可采用棋盘式采样法;面积大,地势又不平坦,肥力不匀的田块可采用蛇型线采样法。土样由20个样点组成。样点分布范围不少于2000 m^2(可根据情况确定)。

每个点的取土深度及重量应均匀一致,土样上层和下层的比例也要相同。采样器应垂直于地面,入土至规定的深度。采样使用不锈钢、木、竹或塑料器具。样品处理、储存等过程不要接触金属器具和橡胶制品,以防污染。

2. 根据部位和深度采样

用取样铲将表层5 cm左右的浮土除去,取5～25 cm处的土样0.5～1 kg。

3. 缩减样品质量

在采样过程中,采取的混合样一般都大于上述重量,所以要去掉部分样品,将所有采样点的样品摊在塑料布上,除去动植物残体、石砾等杂质,将大块的样品整碎,混匀,摊成圆形,中间以十字分成四份,然后对角线去掉两份,若样品还多,将样品再混合均匀,反复进行四分法,直至样品达到最终重量要求1 kg为止。装入事先准备好的塑料袋内扎好。北方土壤干燥,可在10～30 cm处取样。

(二)用阿须贝氏培养基分离好氧性自生固氮菌

1. 准备平板

按照下列配方和方法进行阿须贝氏培养基配制。

甘露醇(或葡萄糖)	10.0 g
K_2HPO_4	0.2 g
$MgSO_4 \cdot 7H_2O$	0.2 g

NaCl	0.2 g
$CaSO_4 \cdot 2H_2O$	0.1 g
$CaCO_3$	5 g
琼脂	18.0 g
蒸馏水	1000 mL

pH7.2～7.4

将上述培养基于121 ℃灭菌20 min，摇匀沉淀后倒平板，培养皿上培养基应稍微厚些，备用。

2. 纸板布土

取少量土样倒在15 cm左右的滤纸上，摇动几下，轻轻倒去土样，使纸板上残留微量的土样。

注意：

（1）该步骤中，纸板上的土样残留不是越多越好。

（2）吸水纸或纸板都可代替滤纸。

3. 弹土接种

打开平板，移开上盖，把滤纸沾土的一面朝下，覆盖在下皿盖上，然后用手轻轻弹碰几下，移去滤纸，盖上培养皿盖。

4. 保温培养

将接种好的平板置于28℃条件下，倒置培养4～7 d。观察是否出现大而黏稠的菌落。

5. 观察菌落

观察平板上出现的菌落，对比菌落特点，区分不同类型的微生物。凡是出现的大型、黏稠、半透明、颜色呈现白色、褐色或黑褐色的菌落，一般都是好氧性固氮菌。

6. 分离纯种

对可能的菌落进一步划线分离，纯化菌株。

（三）用酵母菌富集培养基分离酵母菌

1. 配制富集培养液

按下表配制酵母富集培养液。

葡萄糖	50 g

尿素	1 g
$(NH_4)_2SO_4 \cdot 7H_2O$	1 g
KH_2PO_4	2.5 g
Na_2HPO_4	0.5 g
$MgSO_4 \cdot 7H_2O$	1 g
$FeSO_4 \cdot 7H_2O$	0.1 g
酵母膏	0.5 g
孟加拉红	0.03 g
水	1000 mL
pH4.5	

装入 250 mL 三角瓶中，每瓶 100 mL，灭菌，备用。

2. 富集培养

取采集的 1 g 土样，投入三角瓶的培养液内，于 28℃振荡培养 2～3 d。

3. 纯种分离

用平板划线分离法、涂布平板法或倾注平板法分离单菌落，具体参见实验四和实验五。菌株需要经过多次划线分离，才能获得纯的菌落。

4. 形态镜检

无菌条件下，用接种针挑取上述分离、纯化后的菌株，在显微镜下观察其形态，根据酵母菌的形态特点进行进一步验证。

5. 菌种保存

将菌株接种到斜面上，贴上标签，放于 4℃保存。

（四）用马丁氏培养基分离土壤真菌

1. 配制培养基

按下表配制马丁氏培养基，分装入三角瓶中。

葡萄糖	10 g
蛋白胨	5 g
KH_2PO_4	1 g
$MgSO_4 \cdot 7H_2O$	0.5 g

1% 孟加拉红	3.3 mL
琼脂	16 g
水	1000 mL
pH4.5	
1% 链霉素	0.3 mL（倒平板前加）
2% 去氧胆酸钠	20 mL（倒平板前加）

（1）制备装有玻璃珠和 100 mL 无菌水的三角瓶。
（2）制备装有 4.5 mL 无菌水的试管。
（3）制备 2% 去氧胆酸钠溶液，单独灭菌。
（4）1% 链霉素过滤除菌。
（5）培养基温度降到 50 ℃左右后，将 2% 去氧胆酸钠单独灭菌 20 mL，1% 链霉素 0.3 mL 加入 1 L 培养基中，晃均匀，倒板，备用。

2. 准备土样

取土样 1 g，放入装有玻璃珠和 100 mL 无菌水的三角瓶中，充分振荡，制成 10^{-2} 稀释液。

3. 液体稀释

吸取土壤稀释液 0.5 mL，放入含有 4.5 mL 无菌水的试管中，充分混匀，直至稀释到 10^{-4}。

4. 平板分离

吸取 10^{-2}、10^{-3}、10^{-4} 稀释液各 0.1 mL，放入马丁氏培养基中央，用涂布平板法涂布分离。

5. 恒温培养

将平板倒置在 28 ℃条件下，培养 5～7 d。

6. 观察和计数

观察出现的菌落，对照霉菌的菌落特征找出霉菌并计数。计算每克土壤中真菌的含量。

7. 分离纯化

选择需要的霉菌菌落，进一步分离、纯化，供以后研究使用。

五、实验结果与报告

将用3种选择性培养基分离到的主要微生物的菌落特征记录下来,并计算每克土壤中真菌的含量。

六、思考题

(1)阿须贝氏培养基的哪些特点适合好氧性自生固氮菌分离?
(2)从土壤样品中分离酵母菌时,为何要经过液体富集培养步骤?
(3)马丁氏培养基为何能选择土壤真菌?
(4)查阅真菌相关资料,与你采集的土壤中真菌的含量进行对比,并分析影响数量的可能原因。

实验八　普通光学显微镜的使用

一、实验目的

(1)阐明油浸系物镜的基本原理。
(2)运用显微镜低倍镜、高倍镜和油浸系物镜观察不同的微生物形态。
(3)养成规范操作、细致观察的实验素养。

二、实验原理

(一)显微镜的机械装置

1. 镜座和镜臂

如图1-8-1所示,镜座和镜臂是显微镜的基本骨架,起稳固和支持显微镜的作用。移动显微镜时,一手托拿镜座,一手握镜臂。

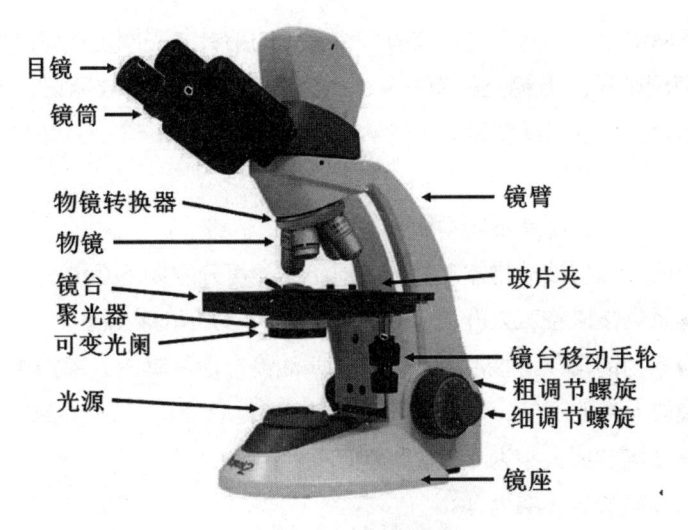

图 1-8-1 显微镜结构

2. 镜筒

镜筒上接目镜，下接物镜转换器，形成目镜与物镜（装在转换器下）间的暗室。

3. 物镜转换器

物镜转换器上可安装 3～4 个物镜，按照低倍到高倍的顺序安装。可以按需要将其中的任何一个物镜和镜筒接通，与镜筒上面的目镜构成一个放大系统。

4. 镜台

镜台又叫载物台，用于安放载玻片。载物台中央有一小孔，为光线通路。在镜台上装有弹簧玻片夹，其作用为固定玻片。

5. 镜台移动手轮

镜台一侧下方连接有镜台移动手轮，用来前后或左右移动标本的位置，使镜检对象恰好位于视野中心。

6. 粗调节螺旋和细调节螺旋

粗调节螺旋和细调节螺旋用于精确调节物镜和标本之间的距离。粗调节螺旋转一圈可使镜筒升降约 20 mm，细调节螺旋转一圈可使镜筒升降约 0.1 mm。

（二）显微镜的光学系统

1. 目镜

目镜的作用是把物镜放大的实像再放大一次，并把物像映入观察者的眼中。普通光学显微镜的目镜通常由两块透镜组成，上端的一块透镜称"接目透镜"，下端的透镜称"聚透镜"。两片透镜之间有光阑。由于标本是在光阑上成像，因此为了更好地指示标本的具体位置，光阑上往往装有一个细长的指针。光阑上还可以放置测量微生物大小的目镜测微尺。目镜上标有5×、10×、15×放大倍数标记，不同放大倍数的目镜口径相同，可以互换使用。

2.物镜

物镜的种类很多，可从不同角度分类。

根据物镜前透镜与被检物体之间的介质不同，可分为如下几种：

（1）干燥系物镜以空气为介质，如常用的40×以下的物镜。

（2）油浸系物镜常以香柏油为介质，又叫油镜，通常其放大率为100×。

根据物镜放大率的高低，可分为如下几种：

（1）低倍物镜指放大率为10×，或以下。

（2）高倍物镜指放大率为40×。

（3）油浸物镜指放大率为100×。

3.聚光器

聚光器在镜台下面，它是由聚光透镜、虹彩光圈和升降螺旋组成的。它的作用是将光源或经反光镜反射来的光线聚焦于样品上，以得到最强的照明，使物像更加明亮清晰。细菌观察时，并不是越明亮越有利于观察，稍微暗一些的视野更有利于透明运动菌体的观察。

三、实验材料

显微镜、擦镜纸、胶头滴管、二甲苯、香柏油、细菌装片、放线菌装片、青霉菌和曲霉装片、酿酒酵母菌装片。

四、实验步骤

（一）用低倍镜观察酵母菌和霉菌装片

1.放置显微镜

将显微镜从显微室拿出时，要用右手紧握镜臂，左手托住镜座，平稳地将显微镜搬运到实验桌上。将显微镜放在自己身体的左前方，离桌子边缘约10 cm左右，右侧可放记录本或绘图纸。

2.打开光源

打开显微镜电源，调节亮度，将10×低倍物镜转到工作位置，正对通光孔。上升聚光器，将可变光阑完全打开。

3. 调节聚光器

根据视野的亮度和标本明暗对比度调节光圈大小，以达到较好的效果。

4. 放置标本

下降镜台，将酿酒酵母菌装片放在镜台上，用玻片夹夹住，然后转动镜台移动手轮，使被观察的标本处在物镜正下方。

5. 调焦

从侧面观察物镜和载玻片之间的距离，同时转动粗调节螺旋，使镜台上升至物镜接近标本处。然后，通过目镜观察并下降镜台，直至物像出现，再旋转细调节螺旋至物像清晰。

6. 观察

用镜台移动手轮移动标本片，找到合适的标本细胞，将它移到视野中央进行观察。绘制酵母菌的形态，如果要精细观察可转换至高倍物镜观察。

（二）高倍镜观察

1. 寻找视野

将要观察的各种微生物标本装片，需先在 10× 低倍镜下找到合适的观察目标，并将其移至视野中心。

2. 转换高倍镜

轻换高倍镜是轻转物镜转换器。将 40× 高倍镜移至工作位置，当听到"咔嚓"一声即表示已经将物镜移至正确的位置。

3. 调焦

慢转细调节螺旋，仔细观察物像，当出现清晰视野时，停止调节。从低倍镜转到高倍镜只需要稍微调节细调节螺旋就可以看清物像。如果仍然没有找到物像，应该重新使镜台升起，至物镜非常接近玻片的位置，然后再慢慢下降镜台，并细心调节细调节螺旋，直至物像清晰为止。

4. 观察

利用镜台移动手轮移动标本，仔细观察并记录所观察到的结果。可根据需要，对聚光器光圈及视野亮度进行适当调节。

（三）油镜观察

1. 放置标本

将装片或细菌涂片置于镜台上。细菌涂面不要留有残液，有菌面朝上。

2. 寻找视野

先用低倍镜，然后用高倍镜，在标本上找到合适的视野，方法同上。先用粗调节旋钮将镜台下降约2 cm，并将高倍镜转出至空位。

3. 滴加香柏油

用胶头滴管取少量香柏油，加1～2滴到玻片需要观察的部位。

注意：请勿多加或少加香柏油，滴加的量能使油镜镜头浸入香柏油中即可。

4. 转换油镜

将油镜转到工作位置，从侧面注视，用粗调节旋钮将载物台缓缓地上升，使油浸物镜浸入香柏油中，镜头几乎与标本接触。

5. 调焦

将聚光器升至最高位置并开足光圈，调节照明使视野的亮度合适，用粗调节器将镜台缓慢下降，直至视野中出现物像，并用细调节器使其清晰准焦为止。若找不到物像，可能是镜台下降速度太快，物像一闪而过，以至于眼睛无法捕捉到。

6. 观察

仔细观察各种需要观察的装片，对比认识四大类微生物的细胞形态特征。

（四）显微镜用毕后的保养

1. 关闭显微镜

将显微镜的光源旋转至最暗，关闭显微镜电源开关，下降镜台，取下玻片。

2. 清洁显微镜

（1）油镜清洁。旋转物镜转换器，将油镜转出至一侧，先用擦镜纸擦去镜头上的油，再用擦镜纸蘸少许乙醚酒精混合液或二甲苯，将镜头擦2～3次，去除镜头上残留油迹，最后再用擦镜纸擦拭2～3下即可。

（2）清洁其他物镜和目镜。其他物镜和目镜可以用干净的擦镜纸轻柔擦除机械部分的灰尘，不需要用二甲苯或乙醚酒精混合液。

注意：

（1）二甲苯为有毒有机物，可以用乙醚乙醇混合液代替（无水乙醚：无水乙醇=7:3，V/V）。

（2）用二甲苯擦拭镜头时，不能过多过久，防止胶粘透镜的树脂被溶解。勿用乙醇擦拭镜头和支架。

（3）向一个方向擦拭，不要用其他纸张代替擦镜纸，防止划伤镜头。

3. 搁置物镜

转动物镜转换器，使物镜头不与载物台通光孔相对，而是成八字形位置，将镜台下降至最低，用一个防尘罩将显微镜罩好，以免沾污灰尘，然后将显微镜放回柜内或镜箱中。

4. 去除玻片上的香柏油

在装片上滴加2～3滴二甲苯，使香柏油溶解，再用吸水纸轻轻压在装片上，吸掉二甲苯和香柏油，这样可以保护装片。普通玻片不保留，可以用热的肥皂水等洗涤液清洁干净。

五、实验结果与报告

绘出四大类微生物细胞形态图。

六、思考题

（1）细菌、放线菌、酵母菌、霉菌的细胞形态在显微镜下都有哪些区别？

（2）显微镜的放大率（V）等于物镜放大率（V_1）和目镜放大率（V_2）的乘积，你所用微生物的最大和最小放大率是多少？

（3）当物镜由低倍镜转到油镜时，随着放大倍数的增加，视野的亮度是增强还是减弱，应如何调节？

实验九　显微测微尺的使用

一、实验目的

（1）阐述显微测微尺的原理。
（2）使用显微测微尺测量微生物大小。
（3）养成对实验精确性的追求。

二、实验原理

微生物的体积极其微小，普通工具难以直接测定，必须借助于显微测微尺。显微测微尺的原理是用校准长度后的目镜测微尺测定微生物的长度。

显微镜测微尺分为镜台测微尺和目镜测微尺两部分，如下图1-9-1所示。镜台测微尺是中央部分刻有精确等分刻度的特制载玻片。它的中央有一全长为1mm的刻度标尺，等分成100小格，每小格的长度是0.01mm（10μm），用于调整目镜测微尺的每格的实际代表长度。

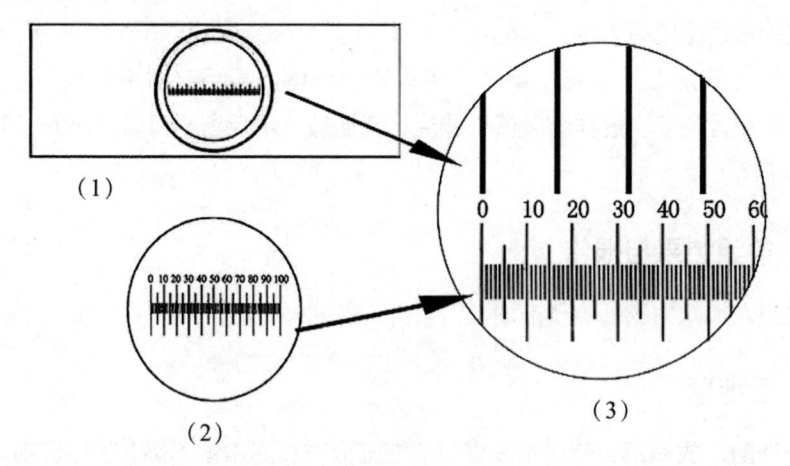

（1）镜台测微尺；（2）目镜测微尺；（3）镜台测微尺和目镜测微尺的刻度重叠

图1-9-1 显微测微尺

目镜测微尺是一块放在目镜内隔板上的圆形小玻片。它的中央刻有精确刻度，有等分50小格或100小格两种，每5小格之间有一长线隔开。目镜测微尺每小格所代表的实际长度不一样，不能直接用来测量微小标本的大小，使用前要用镜台测微尺调整。

使用时，将镜台测微尺放在载物台上，使其刻度面朝上，镜下看清镜台测微尺，转动目镜，使目镜测微尺的刻度平行于镜台测微尺的刻度，如图1-9-1中（3）所示。

移动镜台测微尺使两种测微尺在某一区间内的两对刻度线完全重合，然后计数出两对重合线间各自所占的格数。计算公式如下：

$$每格长度（μm）=\frac{两重合线间镜台测微尺所占格数×10}{两重合线间目镜测微尺所占格数}$$

三、实验材料

显微镜、镜台测微尺、目镜测微尺、香柏油、二甲苯、擦镜纸等。
枯草芽孢杆菌涂片、酿酒酵母涂片。

四、实验步骤

（一）安装目镜测微尺

取出一个目镜，旋开接目透镜，将目镜测微尺的圆玻片放在目镜的光阑上，使有刻度的一面向下，然后旋上接目透镜，将目镜插回镜筒。

（二）安装镜台测微尺

将镜台测微尺刻度面朝上安装在镜台上，用玻片夹固定住测微尺，调节显微镜，通过调焦看清镜台测微尺的刻度。

（三）校准目镜测微尺的长度

用低倍镜观察，移动镜台测微尺和目镜测微尺，使两者的刻度线平行，并使两者间某一段的起止线完全重合，然后分别数出两条重合线之间的格数，即可求出目镜测微尺每小格的实际长度。

同样的方法分别测出用高倍镜和油镜测量时目镜测微尺每格所代表的实际长度。

注意：目镜测微尺和镜台测微尺两个重合点的距离越长，所测得数值越准确。

（四）计算目镜测微尺每格的长度

$$每格长度（\mu m）= \frac{两重合线间镜台测微尺所占格数 \times 10}{两重合线间目镜测微尺所占格数}$$

例如，油镜下测得目镜测微尺 50 格相当于镜台测微尺的 7 格，则该油镜下目镜测微尺每格的长度为

$$\frac{7 \times 10}{50} = 1.4（\mu m）$$

（五）测量菌体大小

取下镜台测微尺，放上枯草芽孢杆菌或酿酒酵母的染色涂片，通过调节显微镜获得清晰物像，然后转动目镜测微尺或移动涂片，方便更好地测量微生物细胞的长或宽所占的格数。将测得的格数乘以目镜测微尺每格的长度即可得出该菌的大小。杆菌的大小以长（μm）× 宽（μm）表示。

注意：为了提高菌体测量的准确率，通常要测定 10 个以上的微生物细胞，然后取平均值。

（六）清洁

测量完毕后，将目镜测微尺从目镜中取出，将目镜放回。用擦镜纸擦去目镜测微尺上的污渍。如果用油镜观察测量菌体，则使用结束后，要按照油镜清洁方法处理油镜。

注意：镜台测微尺上的圆形盖玻片是用加拿大树胶封合的，当去除香柏油时不宜用过多的二甲苯，以免树胶溶解，使盖玻片脱落。

五、实验结果与报告

（1）分别求出不同放大倍数下目镜测微尺每格代表的长度。

低倍镜：目镜测微尺每格代表的长度 = _____ （μm）。

高倍镜：目镜测微尺每格代表的长度 = _____ （μm）。

油镜：目镜测微尺每格代表的长度 = _____ （μm）。

（2）测量10个枯草芽孢杆菌及酿酒酵母细胞的大小，按照表1-9-1进行记录：

表1-9-1 微生物大小测量记录表

枯草芽孢杆菌			酿酒酵母		
序号	长/μm	宽/μm	序号	长/μm	宽/μm
1			1		
2			2		
3			3		
4			4		
5			5		
6			6		
7			7		
8			8		
9			9		
10			10		

续 表

枯草芽孢杆菌			酿酒酵母		
序号	长/μm	宽/μm	序号	长/μm	宽/μm
平均值			平均值		

六、思考题

（1）显微测微尺有几部分组成，它们各起什么作用？

（2）在某架显微镜下用某一放大倍数的物镜测得目镜测微尺每格的实际长度后，当换一架显微镜用同样放大倍数的物镜时，该尺度是否还有效？为什么？

（3）测量微生物大小时如何提高实验精确性？

实验十　细菌涂片及简单染色

一、实验目的

（1）举例说出细菌染色的原理。

（2）运用简单染色法观察细菌形态。

（3）形成显微镜观察规范。

二、实验原理

涂片和染色是用于微生物细胞形态观察的基本技术，操作较为简单。染色前先要制作细菌涂片，把细菌细胞固定在载玻片上，这样不仅可以杀死细菌并使之黏附在玻片上，还可以增加菌体对染料的亲和力。

细菌单个细胞不仅小而且透明，在普通光学显微镜下不容易识别。细菌细胞经过涂片固定后适当染色，菌体和背景会呈现一定的颜色差，方便更好地观察细菌的形态。

用于生物染色的染料主要有碱性染料、酸性染料和中性染料三大类。碱性染料的离子带正电荷，能和带负电荷的物质结合。因细菌蛋白质等电点较低，当它生长于中性、碱性或弱酸性的溶液中时常带负电荷，所以通常采用碱性染料（如美蓝、结晶紫、碱性复红或孔雀绿等）使其着色。酸性染料的离子带负电荷，能与带正电荷的物质结合。当细菌分解糖类产酸使培养基 pH 下降时，细菌所带正电荷增加，因而易被伊红、酸性复红或刚果红等酸性染料着色。中性染料是前两者的结合物，又称复合染料，如伊红美蓝、伊红天青等。

简单染色法只用一种染料使细菌较快着色以显示其形态，其不能辨别细菌细胞的内部构造，但由于简单快速，因此在实验室当中比较常用。

三、实验材料

显微镜、废液缸、洗瓶、载玻片、接种环、酒精灯、擦镜纸、结晶紫、95% 酒精、蕃红、复红、二甲苯、香柏油。

苏云金杆菌（*Bacillus thuringiensis*）或者枯草杆菌（*Bacillus subtilis*），培养 24 小时的大肠杆菌（*Escherichia coli*）。

四、实验步骤

（一）涂片

取洁净无油腻的玻片，在玻片中央用接种环挑 1～2 环水，或用滴管滴加一小滴水。将接种环在火焰上灭菌后，挑取少量菌体与玻片上的水滴充分混匀，尽量向外扩展涂成极薄的菌膜，涂布面积大约 1 cm²。

注意：

（1）若是从固体培养基表面挑取菌体，不要挑取太多，防止堆积。

（2）若是发酵液中的微生物可直接用接种环沾取，无须预先于玻片上加水。

（二）固定

手执载玻片一端，让菌膜一面朝上，快速通过火焰上方，用手指接触玻片反面，以不烫手为宜，重复 3 次，待玻片冷却后，再加染色液。

（三）染色

将固定过的涂片放在废液缸上，加适量草酸铵结晶紫染色液或石碳酸复红染色液覆盖在菌膜上，停留 1～2 min。

（四）水洗

倾斜玻片，去掉染色液，用胶头滴管或洗瓶在玻片一端的菌体上方冲洗，用水冲去涂片上的染色液，直至流下的水中无染色液颜色为止。

注意：不要直接对准菌体进行冲洗，防止菌体被冲走。

（五）干燥

将上述冲洗过的涂片放在空气中自然晾干，也可以用吸水纸轻轻覆盖在图片表面吸干水分。

注意：吸水纸不要在玻片表面擦拭，以防擦去菌体。

（六）镜检

用低倍观察找出适当的视野后，将镜头转出，在涂片上加香柏油一滴，用油镜调焦观察细菌的形态。

（七）清理

实验完毕，先用擦镜纸将油镜头上的油擦去，再用擦镜纸沾少许二甲苯将镜头擦2～3次。最后用干净的擦镜纸将镜头擦2～3次。

沾有香柏油的染色玻片用纸先将香柏油擦干净，再将有菌涂片放入洗衣粉水中煮沸，清洗干净，晾干存放。

五、实验结果与报告

绘出视野中细菌的形态，报告染色结果。

六、思考题

（1）涂片固定的作用是什么？如何才能较好地对细菌进行固定？

（2）油镜镜检前为什么要将玻片上的水分吸干？

（3）镜检观察时，枯草芽孢杆菌和大肠杆菌形态有什么区别？

实验十一　革兰氏染色

一、实验目的

（1）能解释革兰氏染色法的原理。

（2）会运用革兰氏染色对细菌进行检测。

（3）追求实验的准确性。

二、实验原理

1884年，丹麦病理学家Christain Gram创立革兰氏染色法。革兰氏染色法可将所有的细菌区分为革兰氏阳性菌（G^+）和革兰氏阴性菌（G^-）两大类，是细菌学上最重要的鉴别性染色法。革兰氏染色过程如图1-11-1所示。

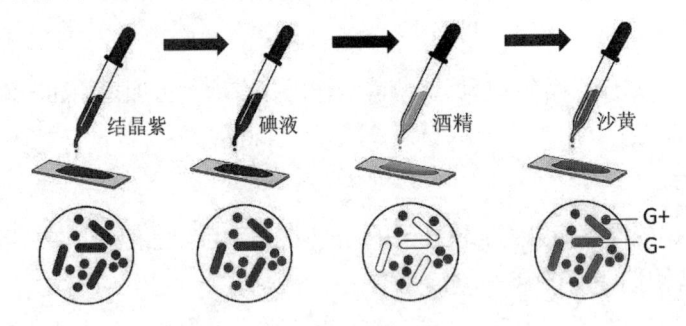

图1-11-1 革兰氏染色过程

当用结晶紫初染后，细菌被染成紫色；滴加碘液媒染，结晶紫与碘形成结晶紫—碘的大分子复合物；乙醇脱色后，由于G^+和G^-这两类细菌细胞壁的结构和组成不同，出现不同结果。G^+细菌的细胞壁主要由肽聚糖构成的网状结构组成，壁厚、类脂质含量低，用乙醇（或丙酮）脱色时细胞壁脱水，使肽聚糖层的网状结构孔径缩小，透性降低，从而使结晶紫—碘的复合物保留在细胞内，经脱色和复染后仍保留初染剂的蓝紫色。G^-细菌由于其细胞壁肽聚糖层较薄、类脂含量高，当用乙醇（或丙酮）脱色处理时，类脂质溶解，细胞壁透性增大，使结晶紫—碘的复合物比较容易被洗脱出来，用复染剂复染后，细胞被染上复染剂的红色。

革兰氏染色成败的关键是酒精脱色。如脱色过度，革兰氏阳性菌可被脱色而染成阴性菌；如脱色时间过短，革兰氏阴性菌也会被染成革兰氏阳性菌。除脱色外，菌株的培养时间、菌株的生理活性、涂片厚薄等都会影响最终染色结果。在测定未知菌株时，为保证实验的准确性，需要用金黄色葡萄球菌（*Staphylococcus aureus*）和埃希氏大肠杆菌（*Escherichia coli*）做阳性对照和阴性对照。

三、实验材料

废液缸、洗瓶、载玻片、接种杯、酒精灯、擦镜纸、显微镜等。
结晶紫、卢戈氏碘液、95%酒精、蕃红、复红、二甲苯、香柏油。
苏云金芽孢杆菌（*Bacillus thuringiensis*）或者枯草芽孢杆菌（*Bacillus subtilis*）、

金黄色葡萄球菌（*Staphylococcus aureus*）、埃希氏大肠杆菌（*Escherichia coli*）。

四、实验步骤

（一）准备菌株

1. 斜面活化

将菌株斜面从冰箱中取出，放置于桌面，待斜面恢复至室温后，取一环划线接种平板，培养出单菌落，挑取单菌落到 5 mL 液体试管中，于 37℃培养过夜。

2. 扩大培养

次日，按照 5% 的接种量接种到三角瓶中，37℃培养，菌株培养 12～16 h。

注意：本实验应选用幼龄的细菌菌体。若细菌培养时间太长，由于菌体死亡或自溶常使革兰氏阳性菌转呈阴性反应。

（二）准备试剂

1. 结晶紫染色液

结晶紫	1.0 g
95% 乙醇	20.0 mL
1% 草酸铵水溶液	80.0 mL

将结晶紫完全溶解于乙醇中，然后与草酸铵溶液混合。

2. 革兰氏碘液

碘	1.0 g
碘化钾	2.0 g
蒸馏水	300 mL

将碘与碘化钾先行混合，加入蒸馏水少许充分振摇，待完全溶解后，再加蒸馏水至 300 mL。

3. 沙黄复染液

沙黄	0.25 g
95% 乙醇	10.0 mL
蒸馏水	90.0 mL

将沙黄溶解于乙醇中，然后用蒸馏水稀释。

(三)革兰氏染色

1. 涂片

涂片方法与简单染色涂片相同。

2. 晾干

晾干方法与简单染色法相同。

3. 固定

固定方法与简单染色法相同。

4. 结晶紫色染色

将玻片置于废液缸玻片搁架上,加适量(以盖满细菌涂面)的结晶紫染色液染色 1 min。

5. 水洗

倾去染色液,用水轻柔地冲洗,去除多余的染料,至流出液无色。

6. 媒染

滴加卢戈氏碘液,媒染 1 min。

7. 水洗

倾去碘液,用水轻柔地冲洗,去除多余碘液。

8. 脱色

将玻片倾斜,连续滴加 95% 乙醇脱色 20～25s 至流出液无色,立即水洗。

9. 复染

滴加蕃红复染 5 min。

10. 水洗

用水洗去涂片上的蕃红染色液,至流出液无色。

11. 晾干

将染好的涂片放空气中晾干或者用吸水纸吸干。

12. 镜检

镜检时,先用低倍镜找到视野,再用高倍镜,最后用油镜观察,并判断菌体的革兰氏染色反应结果。

13. 实验完毕后的处理

(1)先用擦镜纸擦去镜头上的油,再用擦镜纸沾少许乙醚酒精混合液或二甲苯,将镜头擦 2～3 次,去除镜头上残留油迹,最后再用擦镜纸擦拭 2～3 下即可。

(2)用纸将使用后的玻片上的香柏油擦干净,再用热的肥皂水等洗涤液清洁干净玻片。

五、实验结果与报告

绘出染色细菌的形态图，并注明各菌株的革兰氏染色的反应结果。

六、思考题

（1）革兰氏染色的关键步骤是哪一步，如何做好这一步？
（2）从本次实验出发，你认为应该如何保证革兰氏染色的准确性？

实验十二　细菌的鞭毛染色

一、实验目的

（1）简述鞭毛染色的原理。
（2）列举多种判断细菌是否具有鞭毛的方法。
（3）运用鞭毛染色技术对细菌染色。
（4）追求实验的准确性。

二、实验原理

鞭毛(flagellum)是细菌的运动器官。真核微生物和原核微生物的鞭毛有着明显的结构区别，不同的微生物鞭毛着生部位和数量不同。细菌鞭毛的数量、形态和在菌体上的着生分布是鉴定细菌的重要依据。由于细菌鞭毛的直径非常纤细，只有10～30 nm，而且极易脱落，直接观察就需要借助电子显微镜，这给普通实验观察带来不便。只有采用特殊的染色方法使鞭毛增粗，才能在普通光学显微镜下观察到。常用的方法有银染色法、碱性复红法、石炭酸复红法。细菌鞭毛的着生方式，如图1-12-1所示。

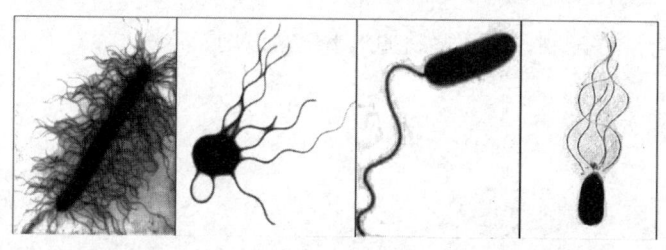

图 1-12-1　细菌鞭毛的着生方式

这些染色方法的原理相同，都是采用鞣酸和氯化铁等配制成的媒染剂使纤细的鞭毛直径加粗，即在染色前先用媒染剂处理鞭毛，使其沉积在鞭毛上，造成鞭毛加粗，然后再用其他染料染色，进行镜检观察。本实验介绍银染色法和石炭酸复红法。

三、实验材料

试管、载玻片、接种环、油镜显微镜、双层瓶、镊子、二甲苯、香柏油、酒精灯、吸水纸、牛肉膏蛋白胨培养基。

奇异变形杆菌（*Proteus mirabilis*）、铜绿假单胞菌（*Pseudomonas aeruginosa*）或大肠埃希氏菌（*Escherichia coli*）。

四、实验步骤

（一）银染色法

1. 清洗载玻片

将实验所用载玻片用洗衣粉水煮沸消毒清洗 20 min，取出晾凉后，用自来水冲洗，选择光滑无裂痕的玻片，浸泡在稀盐酸溶液中进一步除去附着杂质。使用前取出载玻片，用自来水冲洗残酸，沥干水分后放入 95% 的乙醇中，取出，过火去乙醇，即可使用。

2. 配制染色液

（1）A液：

鞣酸	5 g
$FeCl_3$	1.5 g
蒸馏水	100 mL
1% NaOH 溶液	1 mL
15% 甲醛溶液	2 mL

注意：按照顺序配制，待溶解后加入下一个试剂。

（2）B液：

$AgNO_3$	2 g
蒸馏水	100 mL

注意：

①待 AgNO₃ 溶解后，取出 10 mL 做回滴用。

②往 90 mL B 液中滴加浓 NH₃·H₂O 溶液，当出现大量沉淀时再继续加 NH₃·H₂O，直到溶液中沉淀刚刚消失变澄清为止。

③用保留的 10 mL AgNO₃ 溶液小心逐滴加入，直至出现轻微和稳定的薄雾为止。

④配制方法非常关健，应格外小心，在整个滴加过程中，要边滴边充分摇荡，效果最好。

⑤配好的染色液当日有效，4 h 内效果最好。

3. 菌液的制备

（1）菌龄较老的细菌鞭毛易脱落，所以在染色前应将细菌在新配制培养基斜面上连续移接几代，以增强细菌的活动力。为了提高实验效果，可以在斜面培养基的表面滴加 2 滴无菌水，使斜面湿润，并在基部保有少量水。

（2）实验前，将最近一代菌种放入 37℃ 恒温培养箱中培养 15～18 h。

（3）用接种环挑取斜面与冷凝水交接处的菌液数环，转移至盛有 1～2 mL 无菌水的试管中，制备新的菌液。

（4）将该试管放入 37℃ 恒温培养箱中静置 10min，让幼龄菌的鞭毛松展开。

注意：

①新制备的菌液应该略混浊，方便观察时寻找菌体。

②新制备的菌液放置时间不宜太长，否则鞭毛会脱落。

4. 染色

（1）滴加 A 液，染色 4～6 min。

（2）用蒸馏水充分洗净 A 液。

（3）用 B 液冲去残水，再加 B 液于涂片上，用微火加热至冒汽，维持 0.5～1 min。

（4）用蒸馏水洗，自然干燥。

注意：

①加热时，应随时补充蒸发掉的染色液，不可使玻片出现干涸区。

②防止局部过热和手部烫伤。

5. 镜检

用油镜观察，菌体和鞭毛均呈深褐色至黑色，绘制观察到的菌体和鞭毛形态，记录结果。

（二）石炭酸复红法

1. 清洗载玻片

同方法（一）。

2. 配制染色液

（1）薑尔氏石炭酸复红液：

碱性复红	0.3 g
95% 乙醇	10 mL
5% 苯酚液	100 mL

注意：按照顺序配制，待溶解后加入下一个试剂。

（2）媒染液：

① A 液：

| 10% 鞣酸水溶液 | 18 mL |
| $FeCl_3 \cdot 6H_2O$ | 6 mL |

注意：此液必须在使用前 4 天配好，可贮藏 1 个月，临用前必须过滤。

② B 液：

A 液	3.5 mL
0.5% 碱性复红乙醇液	0.5 mL
浓 HCl	0.5 mL

注意：B 液必须按顺序配，应现配现用，超过 15 h 则效果不好，24 h 后不可使用。

3. 菌液的制备及涂片

同方法（一）。

4. 染色

（1）加 A 液染色 5 min，然后倾去 A 液。

（2）加 B 液染色 7 min。

（3）用蒸馏水轻轻地洗净染料。

（4）加薑尔氏石炭酸复红液，加热，置恒温金属板上加热可防止过分加热，染色液微微冒出水蒸气时开始计时，维持 1～1.5 min。

（5）用自来水将染料慢慢地冲净。

（6）自然干燥。

5. 镜检

用油镜观察，菌体和鞭毛均呈红色，绘制观察到的菌体和鞭毛形态，记录结果。

五、实验结果与报告

（1）绘出你所观察的菌体和鞭毛形态。

（2）填写表1-12-1，区别不同的细菌鞭毛的着生方式。

表1-12-1 不同细菌鞭毛的着生方式记录表

序　号	菌　名	染色法	鞭毛着生方式	菌体与鞭毛的颜色

六、思考题

（1）如何保证鞭毛染色的效果？

（2）还能用其他方法对鞭毛进行染色吗？查阅文献举出1～2例子。

实验十三　细菌的芽孢染色

一、实验目的

（1）简述芽孢染色的原理。

（2）运用芽孢染色对细菌进行染色。

（3）探讨芽孢的重要作用。

二、实验原理

芽孢是某些细菌生长到一定阶段在菌体内形成的一个圆形或椭圆形的休眠体，它对不良环境具有很强的抗性。芽孢的形状、大小及其在菌体内的位置是鉴定细菌的重要依据，具体如图1-13-1所示。芽孢具有很强的抗性，因此在生产上或科学实验中都以能否杀死芽孢作为高温及某化学药剂灭菌效果的评定指标。

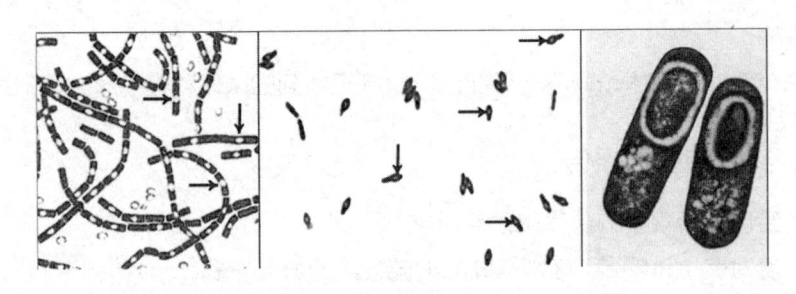

图 1-13-1 芽孢的形态结构

芽孢属于细菌的特殊结构，并不是所有细菌都具有。芽孢对水分等外部物质透性极差，不易着色，普通方法染色只能使菌体染上颜色，芽孢仍然呈现无色透明状。在实验室中，通常用芽孢染色法观察其形态。为了让芽孢着色，染色时除了用着色力强的孔雀绿染料外，还需要通过加热促进染料进入芽孢，达到使其着色的目的。染色后进行水洗脱色时，菌体容易脱色，而芽孢渗透能力差，染料难以渗出，仍保留原有的颜色。然后用沙黄复染，菌体呈现红色，芽孢仍然呈现绿色，颜色对比强烈，可以明显地衬托出各部分的形状。

三、实验材料

培养皿、载玻片、接种环、高 10 cm 玻璃试管、试管夹、显微镜、双层瓶、酒精灯、滴管、二甲苯、香柏油、牛肉膏蛋白胨培养基等。

5% 孔雀绿、0.5% 沙黄等。

枯草芽孢杆菌（*Bacillus subtilis*）。

四、实验步骤

（一）制备斜面

用接种环从斜面上挑取枯草芽孢杆菌，移种到牛肉膏蛋白胨培养基斜面，于 37 ℃培养 48 h 以上，待用。

（二）涂片

取洁净玻片，在玻片中央用接种环挑 1～2 环水，或用滴管滴加一小滴水。将接种环在火焰上灼烧后，挑取少量菌体与玻片上的水滴充分混匀，尽量向外扩展涂成极薄的菌膜，涂布面积大约 1 cm^2。

（三）固定

手执载玻片一端，让菌膜一面朝上，快速通过火焰上方，用手指接触玻片反面，以不烫手为宜，重复 3 次，直至菌膜干燥。待玻片冷却后，再加染色液。

（四）加染色液

加 5% 孔雀绿染色液于涂片处，染色液应铺满涂片。

（五）加热

将玻片放在铁丝网架上，再将铁丝网放在三角铁架上，用微火加热至染料冒蒸汽，开始计算时间，约维持 5 min。

注意：

加热过程中要随时添加染色液，切勿让标本干涸。

（六）水洗

待载玻片冷却后，用洗瓶中的自来水轻轻地冲洗，直至流出的水无孔雀绿颜色为止。

（七）复染

用 0.5% 沙黄液染色 2 min。

（八）水洗

用洗瓶轻轻冲洗涂片，直至流出的水中无色为止，吹风机吹干或自然晾干。

（九）镜检

用油镜观察，芽孢为绿色，菌体为红色。

五、实验结果与报告

绘出所观察视野中的细菌和芽孢的形态。

六、思考题

（1）染色后镜检时如何区分菌体和芽孢，如若不染色是否可以区分菌体和芽孢？

（2）除了染色外，还能用什么方法观察到芽孢？

（3）芽孢对细菌生存有何重要意义，人类生产实践如何利用芽孢？

实验十四　放线菌的培养与观察

一、实验目的

（1）描述放线菌的形态特征。
（2）简述高氏1号培养基各成分的作用。
（3）运用插片法或搭片法对放线菌的自然形态进行观察。
（4）养成细致谨慎的实验素养。

二、实验原理

放线菌成丝状生长，陆生性较强，革兰氏阳性，与人类关系密切，许多重要抗生素都由其产生。放线菌的菌丝由基内菌丝、气生菌丝和孢子丝组成，区别于细菌的单细胞结构，与真核的霉菌有相似之处，但也有显著不同。放线菌的基内菌丝伸入培养基的内部，用接种针很难挑取，即便强行挑出，放线菌的子实体和孢子丝也会受到一定的破坏，不利于观察菌丝的自然形态，因此需要用到插片法或搭片法对放线菌进行培养观察。放线菌的典型形态结构，如图1-14-1所示。

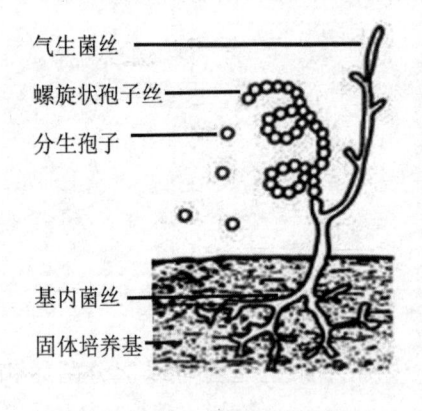

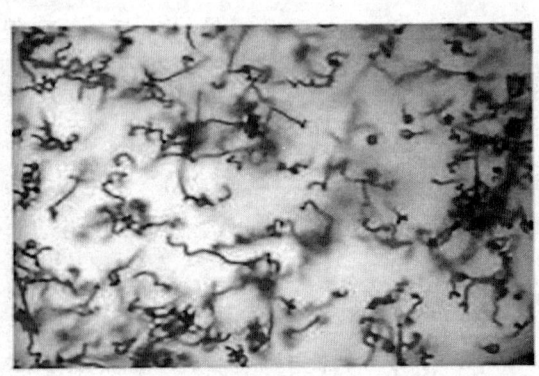

图1-14-1　放线菌的典型形态结构

高氏1号培养基是实验室常用来培养、分离和观察放线菌形态特征的合成培养基。以淀粉作为C源，KNO_3作为N源，并含有多种无机盐。含无机盐较多的培养基，无机盐可能相互作用而产生沉淀。因此，在混合培养基成分时，一般按配方的顺序依

第一部分 基础实验

次溶解各成分。高氏1号培养基pH为7.2～7.6，中性偏碱有利于放线菌的分离生长。

插片法观察放线菌是将放线菌接种在琼脂平板上，插上灭菌盖玻片。搭片法观察放线菌是在做好的平板上开槽，接种上放线菌后再搭上盖玻片。经过培养，放线菌丝会沿着培养基表面与盖玻片的交接处生长，并附着在盖玻上。观察时，将取出的盖玻片置于载玻片上直接镜检，这种方法可观察到放线菌自然生长状态下的不同生长期的各种菌丝形态。

镜检观察放线菌菌丝，气生菌丝在上层，较粗，色暗；基内菌丝在下层，菌丝较细，色淡透明；孢子丝依种类的不同，有的挺直、有的波曲、有的形成各种螺旋形或轮生。在油镜下观察，放线菌的孢子有球形、椭圆形、杆状或柱状等。菌丝和菌丝分化产生的孢子丝具有的多种形态特征是放线菌分类鉴定的重要依据，如图1-14-2所示。

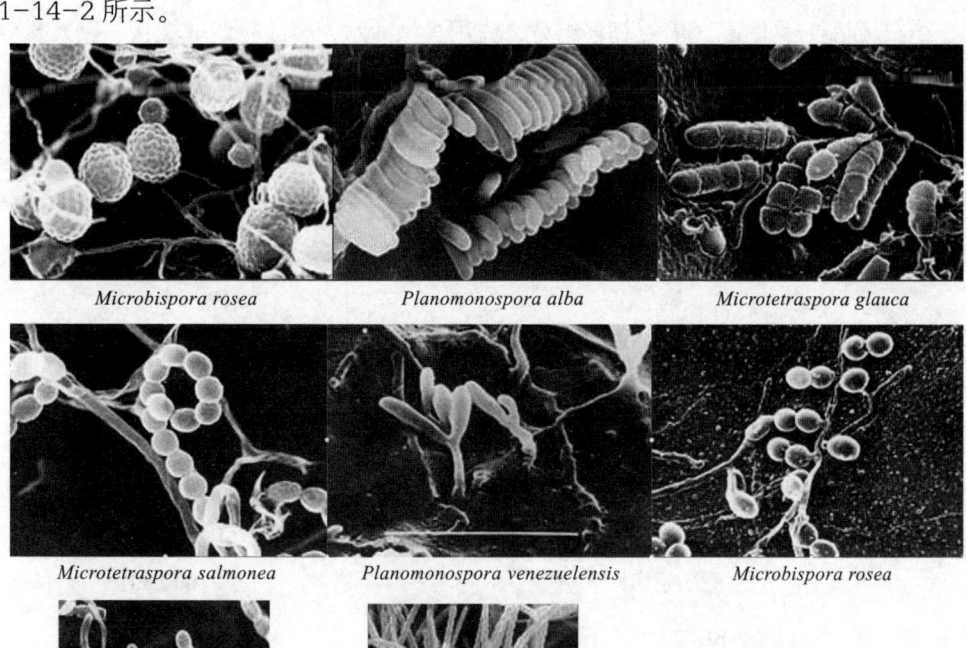

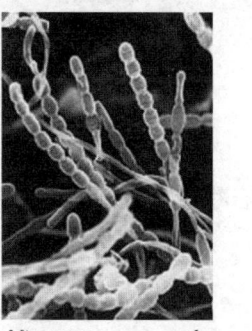

Microbispora rosea	*Planomonospora alba*	*Microtetraspora glauca*
Microtetraspora salmonea	*Planomonospora venezuelensis*	*Microbispora rosea*
Microtetraspora roseola	*Herbidospora cretacea*	*Herbidospora cretacea*

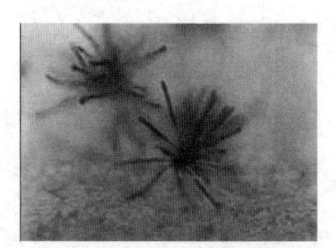

图1-14-2 不同形态的放线菌孢子结构

三、实验材料

培养皿、载玻片、无菌盖玻片、玻璃涂棒、接种环、镊子、显微镜、双层瓶、二甲苯、香柏油、酒精灯、高氏1号培养基等。

细黄链霉菌（*Streptomyces microflavus*）、青色链霉菌（*S.glaucus*）、弗氏链霉菌（*S.fradiae*）。

四、实验步骤

（一）制作高氏1号培养基平板

1. 配制高氏1号培养基

按下列配方称取高氏培养基各组分，先用少量冷水，将淀粉调成糊状，倒入煮沸的水中，在火上加热，边搅拌边加入其他成分，溶化后，补足水分至1000 mL。

高氏1号培养基：

可溶性淀粉	20 g
KNO_3	1 g
NaCl	0.5 g
$K_2HPO_4 \cdot 7H_2O$	0.5 g
$MgSO_4 \cdot 7H_2O$	0.5 g
$FeSO_4 \cdot 7H_2O$	0.01 g
琼脂	15~20 g
去离子水	1000 mL

pH 7.4~7.6

将培养基分装到三角瓶，于121℃灭菌20 min。

2. 倒平板

取灭菌后的高氏1号培养基倒平板，倒平板时尽量使培养基厚一些，厚度约为培养皿高度的1/2，凝固待用。

（二）插片法

1. 插片

将镊子泡过95%酒精，取出，在酒精灯火焰上灼烧，进行灭菌。用镊子将无菌的盖玻片插入平板内。盖玻片与培养基平面呈 30°～45°角，每个平板插入 4～5 个盖玻片。

2. 接种

在酒精灯无菌区，用接种针挑取放线菌培养物，于盖玻片与培养基平面的交界钝角处进行划线接种，如图 1-14-3 所示。

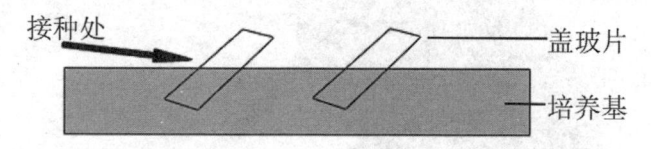

图 1-14-3 插片法

注意：

①绝大多数放线菌有基内菌丝，与培养基连接紧密，较难挑取。为了便于接种放线菌的分生孢子，需要充分生长的放线菌培养物进行本次实验接种。

②盖玻片的插入角度应该稍微倾斜，防止培养皿上盖不能正常盖入。

③放线菌的分生孢子易随风放散，污染实验室，因此本实验操作时不要开启工作台风机。

3. 培养

将平板倒置于培养箱内，于 28℃培养 7 d。

4. 镜检

用无菌镊子小心拔出一片盖玻片，擦去一面培养物，然后将有菌的一面朝下放在载玻片上，直接镜检。观察时，先用低倍镜找到适当视野，再换高倍镜或油镜观察。

（三）搭片法

1. 开槽

用无菌解剖刀在凝固后的平板培养基上割开 2 道平行槽线，宽约 0.5 cm，去除槽线内的琼脂培养基条，如图 1-14-4 所示。

图 1-14-4　搭片法

2. 接种

将放线菌孢子划线接种至槽口内边缘。在接种后的槽面上放 1～3 片无菌盖玻片。

3. 培养

将平板倒置于培养箱内，于 28 ℃培养 7 d。

4. 镜检

用无菌镊子小心拔出一片盖玻片，擦去一面培养物，然后将有菌的一面朝下放在载玻片上，直接镜检。观察时，先用低倍镜找到适当视野，再换高倍镜或油镜观察。

五、实验结果与报告

绘出所观察到的放线菌菌丝形态，区别不同放线菌的主要形态特征。

六、思考题

（1）镜检时如何区分放线菌基内菌丝、气生菌丝及孢子丝？

（2）除上述接种插片法，还可以如何制作插片？两种方法各有什么优缺点？

（3）为什么用插片法或搭片法制备放线菌的观察标本，优点是什么？还能用这个方法观察其他什么微生物，需要做哪些改进？

第一部分 基础实验

实验十五 霉菌的载片培养与观察

一、实验目的

（1）描述常见霉菌的菌落形态结构。
（2）区别霉菌和放线菌的菌落和菌体。
（3）运用湿室培养法观察霉菌生活史。
（4）养成细致谨慎的实验素养。

二、实验原理

霉菌是"丝状真菌"的俗称，菌丝体比较发达。菌丝体多呈丝状、绒毛状或蛛网状，分为营养菌丝与气生菌丝。营养菌丝匍匐于培养基表面或深入培养基内吸收养料。气生菌丝则伸向空中，并可分化产生子实体，如图1-15-1所示。霉菌为真核微生物，其菌丝直径比细菌、放线菌大得多。因此，在显微镜下，霉菌菌丝与放线菌有着明显的差异。相比放线菌菌落，霉菌的菌落形态较大，质地较疏松，颜色各不相同。霉菌无性繁殖或有性繁殖可形成不同类型的孢子。霉菌的菌丝、孢子及菌落特征以及生活史各个阶段的特征是菌种鉴定的重要依据。

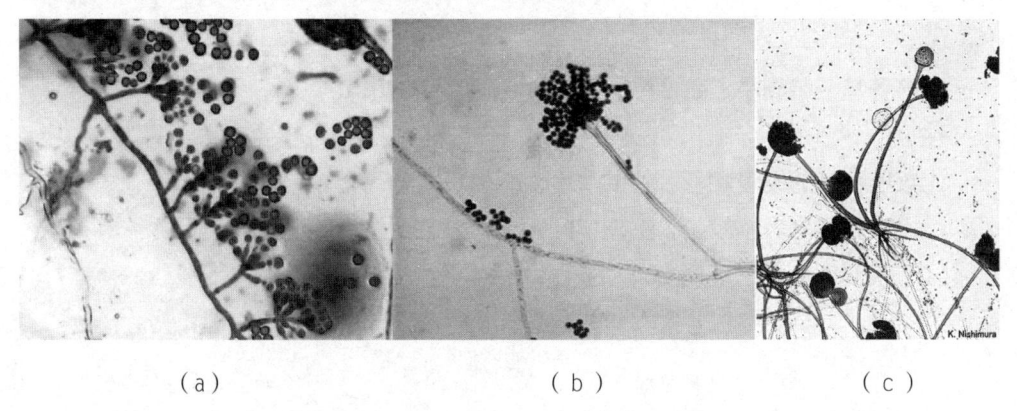

（a） （b） （c）

（a）青霉菌 （b）曲霉菌 （c）根霉菌

图1-15-1 青霉菌、曲霉菌和根霉菌

·73·

霉菌的菌丝体较粗，接种针难以完整挑取，需要用载片培养方法对霉菌进行自然状态下的观察。把霉菌孢子接种在载玻片中央的一滴固体琼脂培养基上，盖上盖玻片，放在培养皿湿室里适温培养。用这种方法可以从霉菌孢子萌发开始，不间断地观察菌丝自然生长和子实体结构等。

三、实验材料

棉蓝乳酸油染色液、载玻片、盖玻片、胶头滴管、"U"形玻璃支架、解剖针、滤纸、显微镜、甘油等。

马铃薯培养基。

曲霉（*Aspergillus* sp.）、青霉（*Penicillium* sp.）、根霉（*Rhizopus* sp.）。

四、实验步骤

(一) 配制培养基和试剂

（1）按照下面配方制备马铃薯培养基。

马铃薯	150 g
葡萄糖	90 g
琼脂	15 g
水	1 000 mL
pH自然	

将培养基分装到小三角瓶中，于121 ℃灭菌20 min。

注意：

①该培养基的硬度和营养物的浓度略低于正常的马铃薯培养基。

②本实验用培养基较少，根据实际需要，分装到较小的三角瓶，灭菌备用。

（2）按照下面配方配制20%的乳酸棉兰染色液。

乳酸	10 g
结晶苯酚	10 g
甘油	20 g
蒸馏水	10 mL
棉兰	0.02 g

（二）准备湿室

剪一张略小于培养皿的圆形滤纸片，铺在培养皿内。依次放上"U"形玻片搁架、载玻片、4片盖玻片，盖上培养皿盖。牛皮纸或报纸包扎灭菌，烘干，备用，具体如图 1-15-2 所示。

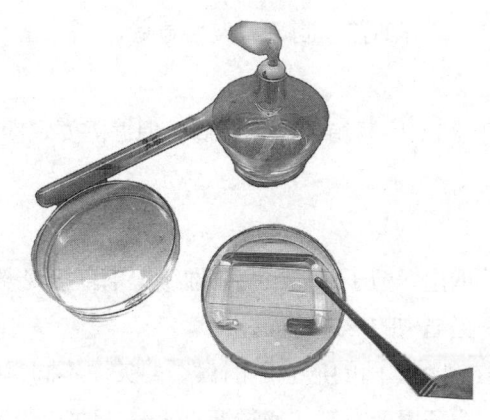

图 1-15-2　湿室培养

（三）融化培养基

将三角瓶中的马铃薯培养基融化，然后放在60℃左右的水浴中保温，待用。

（四）整理湿室

将浸过酒精的镊子通过酒精灯火焰灭菌，以无菌操作方式用镊子将载玻片摆放在"U"形玻片搁架上。

（五）接种孢子

用接种环挑取少量霉菌孢子，接种于载玻片靠近边缘的1/4处，轻轻碰几下即可。

注意：

在霉菌菌落表面轻轻刮取少量孢子，接种量要少，以免培养后菌丝过于稠密而影响观察。

（六）覆盖培养基

用无菌滴管吸取上述马铃薯培养基，滴加一滴在载玻片刚刚接种孢子的位置，培养基应滴加得圆而扁平，不要超过盖玻片的大小。

（七）加盖玻片

迅速用无菌镊子将培养皿内的盖玻片盖在琼脂薄层上，用镊子轻压盖玻片，使盖玻片和载玻片之间的距离相当接近，但不要压扁。盖玻片不能紧贴载玻片，要彼此留有小缝隙，一是为了通气，二是使各部分结构平行排列，易于观察。

（八）加保湿剂

每个培养皿倒入约 2～3mL 20% 的无菌甘油，使培养皿内的滤纸完全湿润，以保持培养皿内湿度，盖上培养皿盖，制成载玻片湿室。

（九）正置培养

将培养皿正置，于 28℃恒温箱中培养一周。根据需要定期观察，了解霉菌的生活史。

（十）镜检观察

将培养好的载玻片取出，置于低倍或高倍显微镜下直接观察，区分不同菌株的营养菌丝、气生菌丝、产孢结构的形态特征。

注意：本次实验在观察霉菌的形态的时候，要关注不同霉菌形态结构的不同之处，如菌丝是否有隔、孢子囊形态等。通过细心比较各种霉菌细节状态的不同，辨识区别常见霉菌。

五、实验结果与报告

（1）绘出有隔菌丝与无隔菌丝图。
（2）绘制青霉菌及曲霉菌的分生孢子梗图。

六、思考题

（1）分别描述细菌、放线菌、霉菌、酵母菌细胞的主要特征。
（2）试比较细菌与酵母菌、放线菌与霉菌的菌落形态差异。
（3）霉菌显微观察制片与细菌显微观察制片有何不同？

实验十六　酵母菌的观察与计数

一、实验目的

（1）区别酵母菌与细菌的细胞形态。
（2）解释美蓝染色辨别死活菌的原理。
（3）运用血球计数板对酵母菌进行计数。
（4）形成追求准确性的实验素养，提升思辨能力和精益求精的匠人精神。

二、实验原理

酵母菌（图1-16-1）是生产和科研常用的单细胞真核微生物，形态比细菌大得多，借助光学显微镜可以很容易被区分开来。大多数酵母以出芽方式进行无性繁殖，有的可进行分裂繁殖；有性阶段则通过接合产生子囊孢子进行繁殖。

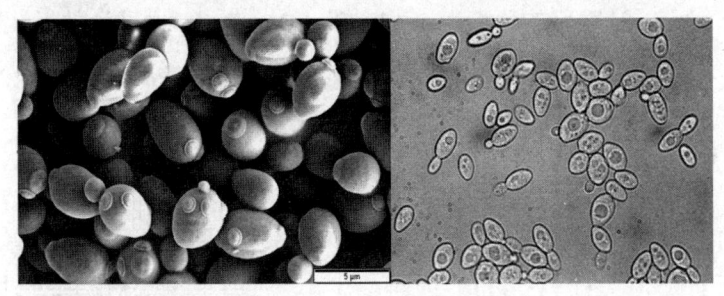

图1-16-1　酵母菌

美蓝是一种常用的无毒活体染料，它的氧化型呈蓝色，还原型无色。通过美蓝染色可对酵母菌的死活细胞进行鉴别。用美蓝对酵母进行染色后，由于活的酵母细胞代谢过程中的脱氢作用，细胞内有较强的还原能力，能使美蓝变为无色的还原型；当酵母细胞死亡或代谢作用微弱时，不能使美蓝还原，因此细胞呈蓝色或淡蓝色。

测定微生物细胞数量的方法很多，常用的有平板计数法和显微镜直接计数法。平板计数法只能测定活的细胞数量（实验四）。血球计数板可用于显微镜直接计数，该方法适用于菌体较大的酵母菌或霉菌孢子，配合美蓝染色使用，可以获得活细胞数、死细胞数和总菌数。由于血球计数板较厚，透光能力差，不能用油镜观察，因此不能用来计数细菌。

血球计数板是一块较厚的特制载玻片。血球计数板上有4条槽，构成3个平台区。中间平台区比两边平台低0.1 mm，中间又被一短横槽分成两部分，每部分上面各有一个计数区，如图1-16-2所示。

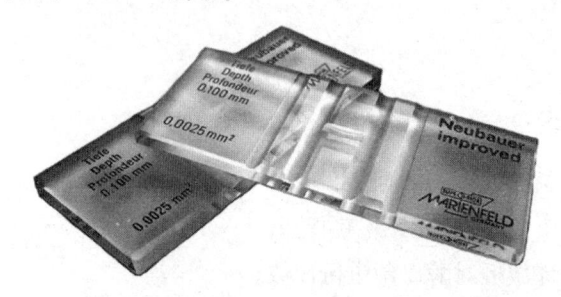

图 1-16-2　血球计数板

计数区是计数室中央的双线格区域。计数区的刻度有两种：一种是计数区分为16个大方格，每个大方格又分成25个小方格；另一种是一个计数区分成25个大方格，每个大方格又分成16个小方格。无论哪种刻度的计数区，都由400个小方格组成。计数区边长为1 mm，则计数区的面积为$1×1=1\ mm^2$，每个小方格的面积为$1/400\ mm^2$，计数区的体积为$1×1×0.1=0.1\ mm^3$。血球计数板计数室，如图1-16-3所示。

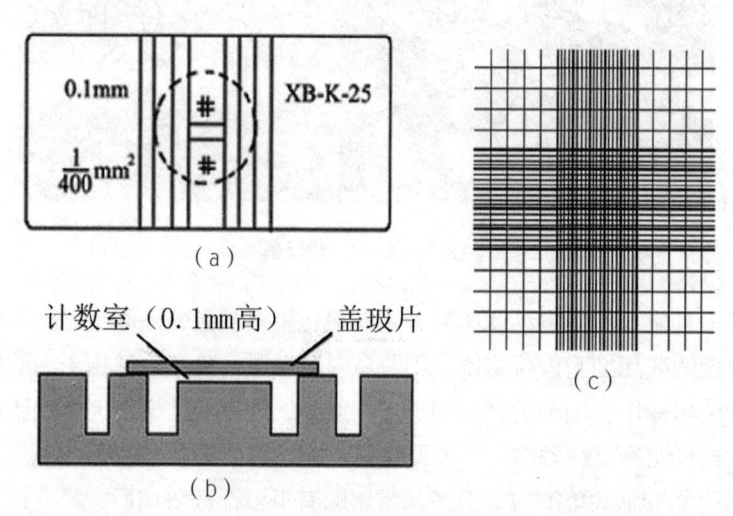

（a）计数板正面　（b）计数板侧面　（c）计数室网格线

图 1-16-3　血球计数板计数室

使用血球计数板计数时，要选取计数区中央和 4 角的 5 个中格进行细胞计数，再换算成整个计数区 0.1 mm³ 体积中微生物的数量，最后计数出每毫升菌液（或每克样品）中微生物细胞的数量。

三、实验材料

显微镜、血球计数板、盖玻片、计数器、滴管、95% 酒精棉球、生理盐水、吸水纸、擦镜纸、三角瓶等。

酿酒酵母（*Saccharomyces cerevisiae*）培养液。

四、实验步骤

（一）配制试剂和培养基

（1）按照下列配方配制美蓝染色液。

美蓝	0.025 g
NaCl	0.9 g
KCl	0.042 g
CaCl·6H$_2$O	0.048 g
NaHCO$_3$	0.02 g
葡萄糖	1 g
H$_2$O	100 mL

（2）按照下列配方配制酵母 YEPD 培养液。

酵母膏	10 g
蛋白胨	20 g
葡萄糖	20 g
H$_2$O	1000 mL

YEPD 培养基配好后，于 121 ℃灭菌 20 min，备用。

（二）培养酵母菌细胞

将酿酒酵母接种到上述无菌 YEPD 培养基中，于 25 ℃培养 24～36 h。

(三)制备酵母稀释液

将酵母菌发酵液经适当稀释后作为计数菌液样品。为了提高计数的准确性,菌液应经过适当梯度稀释,使每个计数板的中方格中的平均数量为 20 个左右。

(四)清洗血球计数板

血球计数板应该洁净无污物才可使用,因此使用前后应进行清洁。先用自来水冲洗计数板,再经 95% 的酒精棉球轻擦后用水冲洗干净,最后用吸水纸吸干。

注意:

(1)不要用硬物擦洗计数板,防止损伤计数室。

(2)不要在火焰上烘烤计数板,防止爆裂。

(五)活体染色

将上述配制的美蓝染色液 0.9 mL 加入试管中,加入酵母菌液 0.1 mL,取充分摇匀混合,染色 10 min 后进行计数。

(六)滴加菌液

(1)将洁净的盖玻片放在计数板中央区,覆盖在两个计数室上面。

(2)用滴管将菌液来回吹吸数次,使菌液充分混匀,立即吸取少量酵母菌悬液滴加在计数平台与盖玻片形成的缝隙处,让菌液沿缝隙渗入计数室。为防止菌液过多造成盖玻片悬浮,可以用镊子轻碰盖玻片,保证计数室的体积是 0.1 mm^3。

(七)计数

(1)静置片刻,将血球计数板放在载物台上夹稳,先在低倍镜下找到计数室,再转换至高倍镜观察,在计数室中央寻找四边都是双线的中方格,利用计数器辅助计数。

(2)计数时,若计数区是由 16 个中方格组成,则按对角线方位,数左上、左下、右上、右下的 4 个中方格的菌数。如果是 25 个中方格组成的计数区,除数上述 4 个中方格外,还需数中央 1 个中方格的菌数。

(3)分别计数各中方格里的蓝色酵母菌(死细胞)和无色酵母菌(活细胞)的数量。

注意:

①显微镜下寻找计数室时,视野里的光线不易太强。

②如菌体位于中方格的双线上,计数时则数上不数下,数左不数右,以减少误差。对于出芽的酵母菌,当芽体达到母细胞大小一半时,即可作为两个菌体计算。

③为了提高计数的准确度,每个样品应该重复计数 2~4 次,求平均值。

（八）清洗计数板

用过的计数板先用蒸馏水冲洗，吸水纸吸干，再用酒精棉球轻轻擦拭，然后用水冲洗，最后用擦镜纸擦干，放于计数板的盒中保存。

五、实验结果与报告

（1）绘出所观察的酵母菌形态。

（2）将计数结果填入表 1-16-1。

表 1-16-1 酵母菌计数结果

计数次数	每个中方格菌个数（活菌+死菌）					稀释倍数	发酵液中的总菌数（个/mL）	平均值（个/mL）
	1	2	3	4	5			
第一次								
第二次								
第三次								

六、思考题

（1）分析哪些因素将导致酵母菌计数不准确？应该如何避免？

（2）在显微镜下，酵母菌有哪些突出的特征区别于一般细菌？

（3）还可以用什么方法知道溶液中酵母菌的浓度，每种方法各有什么优缺点？

实验十七　细菌生长曲线的测定

一、实验目的

（1）概述细菌生长曲线的特点及测定原理。

（2）运用比浊法测绘细菌的生长曲线。

（3）养成持之以恒的科研精神。

二、实验原理

将少量细菌接种到一定体积的新鲜培养基中,在适宜的条件下进行培养,培养过程中,菌液中的细胞数量随时间延长而发生规律性变化,以菌量的对数为纵坐标,以生长时间为横坐标,绘制的曲线叫生长曲线。它反映了单细胞微生物在一定环境条件下的群体生长规律。依据其生长速率的不同,一般可把生长曲线分为延缓期、对数期、稳定期和衰亡期。这四个时期的长短因菌种的遗传性、接种量、培养基和培养条件的不同而不同。通过测定微生物的生长曲线,可以了解某菌种在一定培养条件下的生长规律,这对科研和生产都具有重要的指导意义(如图 1-17-1 所示)。

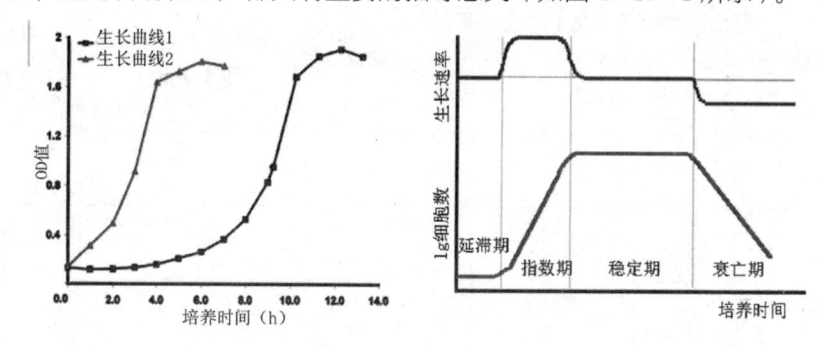

图 1-17-1 细菌的典型生长曲线

根据要求和实验室条件,可以选用不同的方法测定生长曲线。本实验采用比浊法测定大肠杆菌的生长曲线。由于细菌菌悬液的浓度与光密度(OD 值)成正比,因此可利用分光光度计测定菌悬液的光密度来推知菌液的浓度,并以所测的 OD 值与其对应的培养时间绘出该菌在一定条件下的生长曲线,此法快捷、简便,适用范围广。一些代时较长的微生物,一条生长曲线的测定可能花费 1~2d,这就需要克服一定的困难,合理计划实验时间。

三、实验材料

牛肉膏蛋白胨液体培养基、721 分光光度计、比色杯、恒温摇床、无菌吸管、试管、50 mL 量筒、250 mL 和 500 mL 三角瓶、酒精灯、接种环。

大肠埃希氏杆菌(*Escherichia coli*)。

四、实验步骤

（一）配制牛肉膏蛋白胨液体培养基

（1）按照配方制备牛肉膏蛋白胨液体培养基。

牛肉膏	3 g
蛋白胨	10 g
NaCl	5 g
水	1000 mL
pH7.2～7.4	

（2）按照配方制备葡萄糖铵盐合成培养基。

葡萄糖	2 g
$(NH_4)_2SO_4$	2 g
柠檬酸钠·$2H_2O$	0.5 g
K_2HPO_4	7 g
KH_2PO_4	2 g
$MgSO_4·7H_2O$	0.1 g
蒸馏水	1000 mL
pH7.2	

（3）两种培养基各自分装5mL培养基到试管、30mL培养基到250mL三角瓶中，300mL培养基到500mL三角瓶中。

（4）将上述分装后的培养基，以及9只空的250mL三角瓶灭菌，用于测定埃希氏大肠杆菌在两种培养基中的生长曲线。

（二）制备种子液

取大肠埃希氏杆菌菌种1支，以无菌操作挑取1环菌种，接入5 mL培养液试管中，于37 ℃过夜活化。第二天取3 mL接入含30 mL培养基的250 mL三角瓶中，培养18 h作种子培养液。

（三）分装培养基标记编号

在超净台中，取500 mL三角瓶中的培养液，无菌分装到9个三角瓶，每瓶30 mL，分别编号为1～9；剩余培养基做对照使用，保留在瓶中，编号为0。

（四）接种培养

用 5mL 无菌吸管分别准确吸取 3 mL 种子液加入已编号的 1～9 号三角瓶中，于 37 ℃下振荡培养。

（五）调整零点

提前预热分光光度计。将未接种的培养液倒入比色皿中，选用 600 nm 波长调节零点，作为测定时的对照。

（六）生长量测定

取不同时间培养液，从 0 h 起，分别按表中对应时间段将三角瓶取出，测定 OD 值，填入实验结果中。

五、实验结果与报告

（1）将测定得到的 OD 值填入表 1-17-1 中。

表 1-17-1　生长曲线测定结果

时间（h）		0	1	1.5	2	2.5	3	4	5	6
光密度值	牛肉膏蛋白胨培养基									
	葡萄糖铵盐合成培养基									

（2）以上述表格中的时间为横坐标，以 OD600 值为纵坐标，绘制两种培养基培养细菌的生长曲线。

六、思考题

（1）大肠埃希氏杆菌在这两种培养基中的生长曲线是否相同，分析原因？

（2）为什么要分装培养基？查阅资料想一想，如果不分装还有什么其他方法进行生长曲线的测定？

实验十八　大肠杆菌营养缺陷型菌株的诱变和筛选鉴定

一、实验目的
（1）解释营养缺陷型突变株选育的原理。
（2）运用紫外线对细菌进行诱变并筛选。
（3）养成持续改进不断提升的实验作风。

二、实验原理
紫外线在科学生产中有许多用途，既可以消杀微生物，也可以诱变微生物。本实验采用紫外线对大肠杆菌进行诱变，以期获得营养缺陷型菌株。首先，我们需要了解以下几个概念。

野生型：从自然界分离到的微生物在其发生突变前的原始状态。

营养缺陷型：野生型菌株经过人工诱变或自然突变失去合成某种营养的能力，只有在基本培养基中补充所缺乏的营养因子才能生长的类型。

原养型：营养缺陷型菌株经回复突变或重组后产生的菌株，其营养要求在表型上和野生型相同。

基本培养基（Minimal Medium，MM）：仅能满足微生物野生型菌株生长需要的培养基。

完全培养基（Complete Medium，CM）：凡可满足一切营养缺陷型菌株营养需要的天然或半组合培养基。

补充培养基（Supplemental Medium，SM）：凡只能满足相应的营养缺陷型生长需要的组合培养基，它是在基本培养基中加入该菌株不能合成的营养因子而组成的。

LB 培养基，即 Lysogeny Broth 培养基，有时也被翻译成 Luria-Bertani 培养基，是微生物学和分子生物学实验中最常用的细菌培养基，可用于培养大肠杆菌等细菌。

营养缺陷型菌株在生产和科研中有广泛用途：①营养缺陷型菌株可用于分析食品中氨基酸和维生素的含量，这种方法特异性强，灵敏度高，所用样品可以很少而且不需提纯，也不需要复杂的仪器设备；②利用营养缺陷型菌株作为研究转化、转导、接合等遗传规律的标记菌种和微生物杂交育种的标记；③从营养缺陷型菌株中可通过发酵生产氨基酸、核苷酸和各种维生素等的生产菌种。

筛选营养缺陷型菌株一般具有四个环节：诱变处理、浓缩、检出、鉴定缺陷型。虽然有更有效的诱变剂可以使用，但考虑到安全、方便等问题，本次实验选用紫外线为诱变剂，诱发突变。嘧啶对紫外线比嘌呤敏感，紫外线照射大肠杆菌后，相邻嘧啶形成二聚体，造成局部 DNA 分子无法配对，从而引起微生物的突变，甚至死亡。实验室一般用 15 W 的紫外灯，距离 30 cm 对菌液进行均匀照射，以照射时间长短调整照射剂量。诱变后的菌液用青霉素法淘汰野生型，通过逐个测定法检出缺陷型，最后经生长谱法鉴定出细菌确切的营养缺陷型。

三、实验材料

离心机、紫外线照射箱、冰箱、恒温箱、磁力搅拌器、磁力转子、高压灭菌锅、三角烧瓶、试管、离心管、移液管、培养皿、接种针等。

酵母膏、蛋白胨、葡萄糖、$MgSO_4$、K_2HPO_4、KH_2PO_4、青霉素、蔗糖等。

野生型大肠杆菌。

四、实验步骤

（一）配制培养基和试剂

1. 完全培养基

葡萄糖	2 g
蛋白胨	10 g
酵母膏	5 g
NaCl	5 g
蒸馏水	1000 mL
pH7.2	

培养基配制后，于 112 ℃灭菌 20 min。

2. 无氮基本培养基

葡萄糖	2 g
柠檬酸钠·$3H_2O$	0.5 g
K_2HPO_4	0.7 g
KH_2PO_4	0.3 g

$MgSO_4 \cdot 7H_2O$	0.01 g
蒸馏水	100 mL
pH7.2	

培养基配制后，于112 ℃灭菌20 min。

3. 基本培养基

葡萄糖	2 g
柠檬酸钠·$3H_2O$	0.5 g
K_2HPO_4	0.7 g
KH_2PO_4	0.3 g
$MgSO_4 \cdot 7H_2O$	0.01 g
$(NH_4)_2SO_4$	0.2 g
蒸馏水	100 mL
pH7.2	

培养基配制后，于112 ℃灭菌20 min。

4. 2× 基本培养基

葡萄糖	2 g
柠檬酸钠·$3H_2O$	0.5 g
K_2HPO_4	0.7 g
KH_2PO_4	0.3 g
$MgSO_4 \cdot 7H_2O$	0.01 g
$(NH_4)_2SO_4$	0.2 g
蒸馏水	50 mL
pH7.2	

培养基配制后，于112 ℃灭菌20 min。

5. 补充培养基

在上述基本培养基中加入所需要的补充物即可。本实验筛选氨基酸营养缺陷型，因此补充物是混合氨基酸，浓度为20 μg/mL。

6. 高渗基本培养液

　　　　蔗糖　　　　　　　　　　　　　　　　20 g

　　　　MgSO₄·7H₂O　　　　　　　　　　　　0.2 g

　　　　2× 基本培养基　　　　　　　　　　　100 mL

培养基配制后，于 112 ℃灭菌 20 min。

7. 混合氨基酸

将氨基酸按照下列组合表（表 1-18-1），分别称取 100 mg 的等量氨基酸，放于干净的研钵中，在 60 ℃～ 70 ℃烘箱中烘数小时，趁干燥立即研细，装在无菌的 EP 管中，避光、干燥保存。

表 1-18-1　九组氨基酸组合表

	第一组	第二组	第三组	第四组	第五组
第六组	丙氨酸	精氨酸	天冬酰胺	天冬氨酸	半胱氨酸
第七组	谷氨酸	谷氨酰胺	甘氨酸	组氨酸	异亮氨酸
第八组	亮氨酸	赖氨酸	甲硫氨酸	苯丙氨酸	脯氨酸
第九组	丝氨酸	苏氨酸	色氨酸	酪氨酸	缬氨酸

注意：配制后不用高压灭菌。

8. 生理盐水

　　　　NaCl　　　　　　　　　　　　　　　8.5 g

　　　　蒸馏水　　　　　　　　　　　　　　1 000 mL

试剂配制后，于 112 ℃灭菌 20 min。

（二）菌悬液制备

（1）取野生大肠杆菌一环，加入 5 mL 完全培养液中，于 37 ℃过夜培养。

（2）取 3 mL 菌液转接到 100 mL 完全培养液中，于 37 ℃摇床震荡培养 5 h，使细胞处在对数生长期，浓度大约 10^7 CFU/mL。

（3）取 10 mL 菌液加入 10 mL 离心管中，旋紧管盖，7000 rpm，离心 3 min ～ 4 min，弃上清液，用移液管加入 10 mL 无菌生理盐水，震荡混匀，离心，如此洗涤 2 次，最后加入 10 mL 无菌生理盐水，充分振荡混匀。

（4）将菌液做梯度稀释至 10^{-7}，取 10^{-5} ～ 10^{-7} 稀释度的菌液 0.2 mL，分别涂

布完全培养基平板和基本培养基平板。

（三）诱变处理

取 5 mL 菌悬液，加入直径为 9 cm 培养皿内，放入一个无菌转子。将培养皿平放在紫外线照射箱中，打开磁力搅拌器，移除培养皿盖，进行紫外照射。可以制作 3 个培养皿，分别照射 20 s、40 s、60 s。

注意：

（1）紫外线对皮肤和眼睛有很大伤害，应避免长时间暴露在紫外线中。

（2）各种器具及需加入培养基中的试剂均需灭菌。

（四）青霉素法淘汰野生型

（1）诱变后，取 3 mL 诱变菌液加到含 3 mL 高渗培养液的离心管中，加入青霉素，使青霉素终浓度为 500 单位 /mL，震荡混匀后，于 37 ℃培养 6 h。

（2）将青霉素培养后的菌液离心，弃上清液，用 3 mL 无氮基本培养基重悬菌体。

（五）涂布平板

将诱变后的菌液以 10 倍梯度稀释到 10^{-5}，分别取 0.2 mL 诱变后菌液加入基本培养基（$10^{-2} \sim 10^{-4}$）、补充培养基（$10^{-3} \sim 10^{-5}$）和完全培养基（$10^{-4} \sim 10^{-6}$）内，于 37 ℃培养 24 h。培养后计算致死率、营养缺陷型突变率。

（六）逐个点种法检出缺陷性菌株

（1）用牙签挑取完全培养基上长出的菌落 200 个，分别点种在基本培养基和完全培养基上。先点种在基本培养基上，然后用同一牙签继续点种在完全培养基的相同位置上，于 37 ℃过夜培养。

（2）在完全培养基上有而对应基本培养基上没有的菌落，可以初步判断是营养缺陷型。挑选出这部分菌落，转接到完全培养基斜面上，进行进一步的鉴定。

（七）生长谱鉴定

（1）从营养缺陷型的菌株斜面挑取 2 环菌苔，放入含有 5 mL 生理盐水的离心管中；于 3000 r/min，离心 10 min，弃上清液，用生理盐水洗涤 2 次，除去菌体外所带的营养物，重悬于 5 mL 生理盐水中。

（2）吸取 1 mL 菌液加入无菌培养皿中，立即倒入 45 ℃基本培养基，摇匀，平置于操作台上，待其凝固。每个菌株各做 2 个平板。

（3）将其中一个平板底部平均划分出 5 个小区，标注 1～5；另一个培养皿同样处理，注明 6～9。用接种针分别挑取少量配制好的 1～9 组氨基酸，放于各个小区中央，于 37 ℃培养 24 h。

（4）观察氨基酸区域附近是否出现浑浊的生长圈。参照氨基酸的组合判断该菌是哪一种氨基酸缺陷型。

如果某一营养缺陷型菌株在第4组和第7组氨基酸区域都生长，如图1-18-1（左）所示，这两组氨基酸组合中都含组氨酸，那么该菌就是组氨酸缺陷型。如果细菌生长在两组氨基酸扩散的交叉处，如图1-18-1（右）所示，其生长圈呈现双凸透镜状，则说明是2种氨基酸的缺陷型，即双缺陷型，一般频率极低。

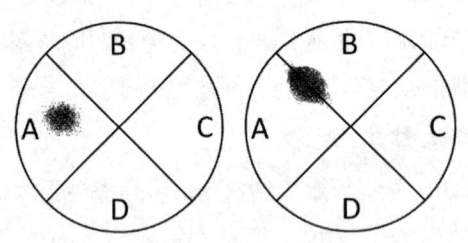

图1-18-1 单缺陷型生长谱（左）和双缺陷型生长谱（右）

五、实验结果与报告

（1）计算实验过程中大肠杆菌的死亡率、营养缺陷诱变率、氨基酸营养缺陷型的获得率，公式如下：

$$致死率 = \frac{诱变前完全培养基CFU/mL - 诱变后完全培养基CFU/mL}{诱变前完全培养基CFU/mL}$$

$$营养缺陷型突变率 = \frac{诱变后完全培养基CFU/mL - 诱变后基本培养基CFU/mL}{诱变前完全培养基CFU/mL}$$

$$氨基酸缺陷型突变率 = \frac{诱变后补充培养基CFU/mL - 诱变后基本培养基CFU/mL}{诱变前完全培养基CFU/mL}$$

（2）记录获得的营养缺陷类型。

六、思考题

（1）菌悬液制备后，涂布完全培养基和基本培养基，请观察两种培养基上长出的同一种菌的菌落有什么区别，为什么？

（2）本实验中经紫外线照射后，诱变率较低，依据数据可采取什么措施提高突变率？

（3）青霉素淘汰野生型菌株的原理是什么？这一步为什么要用高渗培养液？

实验十九 菌种保藏

一、实验目的

（1）阐明菌种保藏的原理。

（2）应用几种常用的保藏方法保藏菌种。

（3）养成认真负责的实验素养。

二、实验原理

在生产实践和科学研究中，菌种作为重要的资源应该长期保持其原种的特性，但菌种在生长过程中容易发生变异、污染甚至死亡，因此需要采取措施防止菌种性状衰退，保持其优良特性。菌种保藏的重要意义就在于尽可能保持其原有性状和活性的稳定，确保菌种不死亡、不变异、不污染。世界上许多国家都有专门的菌种保藏机构，他们将收集到的菌种根据菌株特性选取最佳的保藏方法保藏菌种，以满足研究、交换和使用的需要。

中国普通微生物菌种保藏管理中心(China General Microbiological Culture Collection Center, CGMCC)成立于1979年，隶属于中国科学院微生物研究所，是我国最主要的微生物资源保藏和共享利用机构。2010年，其成为我国首个通过ISO9001质量管理体系认证的保藏中心。作为公益性的国家微生物资源保藏机构，CGMCC致力于微生物资源的保护、共享和持续利用，围绕我国生命科学研究、生物技术创新和产业发展等重大需求，探索、发现、收集国内外的微生物资源，妥善长期保存管理；在保证生物安全和保护知识产权的前提下，为工农业生产、卫生健康、环境保护、科研教育提供微生物物种资源、基因资源、信息资源和专业技术服务。CGMCC目前保存各类微生物资源超过5000种，46000余株，用于专利程序的生物材料7100余株。

菌种是开展微生物工作的基础，菌种的保存状态直接影响后续工作的开展，因而在进行菌种的保藏时,要本着认真负责的态度,一丝不苟地进行工作。

不管采用哪种菌种保藏方法,先应该挑选典型菌种的优良纯培养物来进行保藏,最好保藏孢子、芽孢等菌种的休眠构造,然后应根据菌种理化特点,人为地创造低温、干燥、缺氧、避光和缺少营养的环境条件,使微生物长期处于休眠状态或处于最低代谢活性但又不死亡的状态。

常用的菌种保藏方法有斜面保藏、半固体穿刺保藏、石蜡油封藏、甘油保藏、沙土管保藏、冷冻干燥保藏和液氮保藏等。其中,斜面保藏、半固体穿刺保藏、石蜡油封藏、甘油保藏等方法不需要特殊的技术和设备,是一般生产和科研单位广泛采用的菌种保藏方法。

斜面或半固体培养物放在4℃冰箱中保藏,菌种处在低温下新陈代谢慢,生长缓慢,当培养基中的营养物质被耗尽后,需要将菌种转移到新鲜的培养基上,因而这两种方法又称定期移植保藏法或传代培养保藏法。一般情况下,非芽孢细菌1个月移植一次,放线菌、酵母菌、真菌半年移植一次。如果将石蜡油添加到斜面或半固体穿刺试管中,可以减少培养基水分蒸发,并隔绝氧气,从而进一步降低微生物的代谢活性,保藏期可以延长到1年或数年。这两种方法虽然简单,容易操作和观察,但费时费力,而且由于需要经常移植传代,微生物容易发生变异。

甘油保藏法是利用甘油或二甲基亚砜等作为保护剂,添加到微生物菌种中,然后在 -20 ℃、-80 ℃或更低温度下进行保藏的方法。菌种在冻融操作中,强烈的脱水现象以及细胞内形成的冰晶会对细胞造成损害,保护剂可以防止这一系列的破坏作用。该方法常在基因工程研究中保存一些含质粒的菌种,一般可保藏3~5年。甘油保藏法操作简单,保藏时间长,取放样品十分方便。

菌种保藏库,如图1-19-1所示。

(a) 斜面保藏菌种库 　　(b) 冻干保藏菌种库

(c) 超低温保藏菌种库 　　(d) 液氮保藏菌种库

图 1-19-1　菌种保藏库

干燥保藏法适用于产孢子的放线菌、霉菌及形成芽孢的细菌，一些对干燥敏感的细菌及酵母则不适用该方法。该方法是将微生物的芽孢或孢子吸附在沙土、明胶、硅胶、滤纸、麸皮或陶瓷等不同的载体上，蒸发掉微生物赖以生存的水分，使细胞处于休眠和代谢停滞的状态，从而达到长期保藏菌种的目的。用这种保藏方法，在低温下，微生物菌种可以保藏长达数年到数十年。

三、实验材料

Eppendorf 管、接种环、酒精灯、无菌滴管、无菌移液管、低温冰箱干燥器、试管、移液管、无菌培养皿、40% 甘油、石蜡等。

大肠杆菌、酿酒酵母、细黄链霉菌、青霉等。

四、实验步骤

（一）斜面传代保藏法

1.制作斜面

按照下面配方，配制保藏菌种所需要的牛肉膏蛋白胨斜面培养基和半固体培养基（培养细菌）、高氏1号斜面培养基（培养放线菌）、马铃薯蔗糖斜面培养基（培养真菌）。

（1）按下表配制牛肉膏蛋白胨斜面培养基。

牛肉膏	0.3 g
蛋白胨	1.0 g
NaCl	0.5 g
琼脂	1.5～2 g
水	100 mL
pH7.2～7.4	

（2）按下表配制高氏1号斜面培养基。

可溶性淀粉	2.0 g
KNO_3	0.1 g
NaCl	0.05 g
$K_2HPO_4 \cdot 7H_2O$	0.05 g
$MgSO_4 \cdot 7H_2O$	0.05 g
$FeSO_4 \cdot 7H_2O$	0.001 g
琼脂	1.5～2.0 g
水	100 mL
pH 7.4～7.6	

（3）按下表配制马铃薯蔗糖斜面培养基。

马铃薯	20 g
蔗糖	12 g
琼脂	2 g
水	100 mL
pH 自然	

（4）将上述配制好的培养基加热使琼脂溶化，然后每个试管分装5～7 mL。将分装好的培养基于121 ℃灭菌20 min。

(5)待压力降为 0 后,打开放气阀,开锅将试管取出,搁置斜面,待凝固后使用(参见实验一)。

2. 标记斜面

将标注有菌种名称和接种日期的标签贴于试管斜面中上部位。

注意:标签不要遮挡斜面,不要贴在试管口。

3. 接种

左手持斜面试管和菌种试管,右手持接种针在火焰上灼烧灭菌。然后用右手小指夹住试管塞。将试管口在火焰上灼烧后,将接种针伸入待保藏的菌种管内,接种转移到新的斜面上。试管管口过火灭菌后,塞上试管塞,接种针灼烧灭菌后放于桌面。

注意:

(1)菌种保藏时,细菌和酵母应选用对数生长期后期的细胞,放线菌和真菌宜采用成熟的孢子。

(2)霉菌和放线菌接种时,不要开启工作台上的无菌风,防止孢子扩散。

4. 培养

细菌于 37 ℃培养 18～24 h;酵母菌于 28 ℃～30 ℃培养 36～60 h;放线菌和霉菌于 28 ℃培养 4～7 d。

5. 收藏

观察微生物生长情况,将生长好的菌株保藏管用牛皮纸包扎试管口,防止杂菌污染斜面,置于 4 ℃保藏。

(二)半固体穿刺保藏法

1. 配制保藏菌种所需要的牛肉膏蛋白胨和酵母 YEPD 半固体培养基

(1)按下表配制牛肉膏蛋白胨半固体培养基。

牛肉膏	0.3 g
蛋白胨	1.0 g
NaCl	0.5 g
琼脂	0.5 g
水	100 mL

pH7.2～7.4

(2)按下表配制酵母 YEPD 半固体培养基。

酵母膏	10 g
蛋白胨	20 g
葡萄糖	20 g

琼脂	0.5 g
H_2O	1000 mL

（3）将上述配制好的培养基加热使琼脂溶化，然后每个试管分装 7 mL 左右。将分装好的培养基于 121 ℃灭菌 20 min。

（4）灭菌结束待压力降为 0 后，打开放气阀，开锅将试管取出，垂直放置在试管架上，待凝固后使用。

2. 标记斜面

将标注有菌种名称和接种日期的标签贴于试管中上部位。

注意：标签不要遮挡培养基部分，不要贴在试管口。

3. 接种

左手持菌种试管，右手持接种针在火焰上灼烧灭菌。然后用右手小指下指缝夹住试管塞。将试管口在火焰上灼烧后，将接种针伸入菌种管内沾取菌种，将接种针从倒立试管培养基中央自下而上垂直刺入半固体中，然后沿原穿刺线拔出接种针，管口过火灭菌后，塞上试管塞。接种针灼烧灭菌后放于桌面。

4. 培养

培养方法同斜面传代保藏法。

5. 收藏

待菌种生长好后，包扎试管口，置于 4 ℃保藏半年至 1 年。

（三）甘油保藏法

1. 制备无菌甘油和 LB 培养基

（1）按下表配制 40% 甘油。

丙三醇	40 mL
H_2O	60 mL

（2）按下表配制 LB 液体培养基。

胰蛋白胨	10 g
NaCl	5 g
酵母膏	10 g
H_2O	1000 mL
pH7.2	

（3）将 40% 甘油和 LB 培养基置于三角瓶中，包扎，于 121 ℃灭菌 20 min 后，备用。

2. 制备保藏培养物

取典型菌种培养物 1 环，接种到 5 mL LB 液体试管培养基中（如果菌种中含有抗性质粒，需要在 LB 中加入相应抗生素），于 37 ℃震荡过夜培养。

3. 制备保藏菌悬液

无菌操作吸取 0.5 mL 的 40% 甘油和 0.5 mL 的菌液，放入 1.5 mL 的 Eppendorf 管中，在震荡器上混合均匀。标记菌株编号和日期。

4. 保藏

放入冻存盒中，置于 −20 ℃或 −80 ℃保藏。

五、实验结果与报告

将实验结果记录于表 1−19−1 中。

表 1−19−1　菌株保藏结果记录

接种日期	菌种名称		培养条件		保藏法	生长情况
	中文名	学名	培养基	培养温度		

六、思考题

（1）斜面传代保藏法适用于哪些菌株，该方法有哪些优缺点？

（2）从石蜡油封藏的菌种管中挑菌后，接种环会沾有菌体和石蜡油，如何正确防止接种环污染环境？

（3）甘油保藏法可以保藏普通菌株吗？该法最适于保存哪些微生物，为什么？

（4）如何确保菌株保藏万无一失？

实验二十　大肠杆菌噬菌体的效价测定

一、实验目的

（1）叙述噬菌体分离纯化的基本原理。
（2）区别噬菌斑和细菌菌落。
（3）使用双层琼脂平板法测定噬菌体效价。
（4）形成噬菌体宿主专一性的认识。

二、实验原理

噬菌体是一类专性寄生于细菌和放线菌等微生物的病毒，个体极其微小，用常规微生物计数法无法测得其数量。烈性噬菌体进入菌体后就改变宿主的性质，使之成为制造噬菌体的工厂，大量产生新的噬菌体，在短时间内连续完成吸附、侵入、增殖、装配、裂解这五个阶段，最后导致菌体烈解死亡。烈性噬菌体释放出大量子代噬菌体，再扩散和侵染周围细胞，最终使含有敏感菌的悬液由混浊逐渐变清，或在含有敏感细菌的平板上出现肉眼可见的空斑——噬菌斑，如图1-20-1所示。了解噬菌体的特性，快速检查、分离，并进行效价测定，对在生产和科研工作中防止噬菌体的污染具有重要作用。在含有特异宿主细菌的琼脂平板上，噬菌体产生肉眼可见的噬菌斑，因此能进行噬菌体的计数。

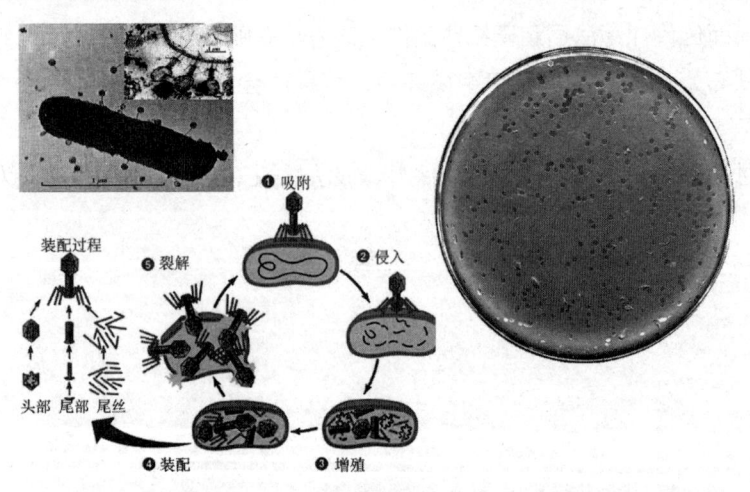

图1-20-1　烈性噬菌体繁殖过程和噬菌斑

噬菌体的效价是指每毫升试样所含的具有侵染性的噬菌体粒子数，即噬菌斑形成单位数。效价测定的方法很多，一般多用双层琼脂平板法。双层琼脂平板法形成的噬菌斑形态、大小一致，由于均处于一个平面上，噬菌斑的清晰度较高，容易辨识和计数。噬菌斑计数方法其实际效率难以接近100%，一般偏低，因为有少数活噬菌体可能未引起感染，所以为了准确地表示病毒悬液的浓度（效价或滴度），一般不用病毒粒子的绝对数量而是用噬菌斑形成单位（plague-forming units，简写成 pfu）表示。

三、实验材料

恒温培养箱、控温水浴锅、高压灭菌锅、酒精灯、三角瓶、试管、移液管、培养皿、接种针等。

胰蛋白胨、酵母膏、NaCl、$CaCl_2$ 琼脂、无水乙醇等。

大肠埃希氏菌、大肠杆菌噬菌体。

四、实验步骤

（一）配制培养基和试剂

1.LB 培养基

胰蛋白胨	1.0 g
NaCl	0.5 g
酵母膏	1 g
水	100 mL
pH7.2	

配制好的 LB 培养基于 121 ℃灭菌 20 min，备用。

注意：

本实验要用到多种形式的 LB 培养基，最少量如下：

（1）固体斜面 2 个。

（2）LB 培养基平板 10 个。

（3）LB 液体试管 7 支，每支含 4.5 mL 培养液，可先灭菌空试管，用时再加入培养液。

（4）50 ml 三角瓶 2 个，内含 5 mL LB 液体。
（5）半固体 LB 培养基 50 mL，用前加入溶液。

2.1 mol/L $CaCl_2$ 试剂

     $CaCl_2$ 5.55 g

     水   50 mL

配制好的试剂于 121 ℃灭菌 20 min，备用。

（二）活化大肠杆菌

取细菌斜面 1 个，从中挑取 1 环菌体接种在 LB 固体斜面上。

（三）制备菌液

（1）取上述活化好的大肠杆菌 1 环，接种到 LB 液体中，于 37 ℃，110 r/min 培养 10～12 h。

（2）取 50 μL 上述培养液，加入含 5 mL LB 液体培养基的 50 ml 三角瓶中，于 37 ℃，110 r/min 培养 1.5 h，得到对数期大肠杆菌悬液。

（四）溶化保温培养基

分别溶化底层 LB 固体培养基和上层半固体培养基，并将其保温在 50 ℃水浴锅中，备用。

注意：用水浴锅时，包扎培养基的牛皮纸极易沾湿，造成后续染菌，因此本步骤要严格无菌操作，特别是瓶口和试管口必须过酒精火焰灼烧防止染菌。

（五）倒底层平板

将溶化并冷却至 50 ℃左右的底层固体培养基倒平板，每培养皿倒入约 10 mL，共 10 个培养皿。水平放置，待凝固后即成底层平板。

（六）平板编号

留一个平板作为对照使用，其余 9 个平板编号 10^{-5}、10^{-6}、10^{-7}，每 3 个一组。

（七）稀释噬菌体

1. 试管编号

用移液管吸取 LB 液体，制备每支含 4.5 mL LB 液体试管 7 支，编号为 10^{-1} 直到 10^{-7}。

2. 稀释噬菌体

吸取大肠杆菌噬菌体 0.5 mL，加入上述 4.5 mL LB 液体试管，进行 10 倍梯度稀释。梯度稀释过程中用移液管把菌液从一支试管转移到下一支试管。

（八）噬菌体吸附与侵入

1. 试管编号

取 10 支灭菌空试管，3 个一组分别标写 10^{-5}、10^{-6}、10^{-7}，留 1 支作为对照。

2. 加噬菌体稀释液

分别从步骤（七）中的 10^{-5}、10^{-6}、10^{-7} 试管中吸取 0.1 mL 噬菌体液，加入本步骤中试管底部。对照管中不加噬菌体液，以 0.1 mL 无菌生理盐水代替。

3. 加菌液

在上述各试管中分别加入 0.1 mL 大肠杆菌菌液，加菌液顺序从低浓度到高浓度，先从对照开始，再依次加入 10^{-7}、10^{-6}、10^{-5} 的各试管。震荡试管，使菌液与噬菌体液混匀。

（九）加半固体培养基

1. 溶化半固体培养基

LB 半固体培养基彻底溶化，将 $CaCl_2$ 溶液按照 0.6 mL/100 ml 加入半固体培养基中，培养基保温 50 ℃，备用。

2. 混合

取 50 ℃保温的 LB 半固体培养基 3.5 mL，加入步骤（八）中含有噬菌体和敏感菌液的试管中，迅速混匀，立即倒入步骤（六）中相对应编号的底层培养基平板表面，水平静置直至培养基凝固。

（十）培养

凝固后，将平板至于培养箱内，于 37℃ 培养。

（十一）计数

观察平板中的噬菌斑，将每一稀释度的噬菌斑形成单位记录于实验报告表格内，并选取 30～300 个 pfu 数的平板计算每毫升原液的噬菌体数（效价）。

（十二）清洗

实验完毕后，需要将含菌平板消毒，清洗晾干。

五、实验结果与报告

（1）描述平板上所得到的噬菌斑的大小、形态等特征。

（2）将各样品平板上所出现的噬菌斑数记录到表 1-20-1 中，若没有简单分析原因。

表 1-20-1　噬菌斑形成数量记录

噬菌体稀释度	10⁻⁵	10⁻⁶	10⁻⁷	对照皿
噬菌斑形成单位数（pfu/皿）				
平均值				

（3）效价计算。选取 30～300 个 pfu 数的平板，按照下列公式计算每毫升原液的噬菌体数（效价）。

$$Y = \frac{N \times A}{B} \quad (1\text{-}20\text{-}1)$$

Y 为噬菌体效价；N 为 pfu 平均数；A 为稀释倍数；B 为取样量，本实验为 0.1mL。

六、思考题

（1）试比较噬菌体与细菌平板计数的基本原理和具体操作方法上的异同点。

（2）在噬菌体的计数中，影响测定数据准确性的因素有哪些，如何保证实验数据的准确性？

（3）查阅文献看看噬菌体效价测定还有哪些方法？

（4）噬菌体宿主专一性对生产实践有什么指导意义？

第二部分 综合检验实验

第二部分从有利于食品相关工作角度出发，紧紧围绕GB 4789编写实验，属应用性较强的食品微生物综合性检验实验。它的内容包括样品处理、常规菌落总数和大肠杆菌检验，以及部分病原菌的检验。这些实验与第一部分相比，实验内容较多，流程较烦琐，目的在于训练学生进行食品卫生检验的综合能力。

通过这部分综合实验，在知识目标方面，学生能解释食品微生物检验的基本原理，分析国标要求；在技能目标方面，学生能运用食品微生物检验的国标进行规范检验；在情感价值观目标方面，学生能关注食品安全，追求检验准确性，认同检验工作的重要性，提升科学思维和职业使命感。该部分实验中涉及一些病原微生物的检验，可根据实验室的具体情况和教学工作安排，选择进行2~3个实验。

思政触点三：食品微生物学检验样品的采集和处理实验——遵守法律规范，明确专业职责，做人民食品安全的守护者，企业质量的保证者，国家法规的捍卫者。

在食品微生物检验样品的采集和处理实验中，我们通过应用食品微生物采样的四个原则对样品进行科学地规范采集，达到知行统一，以期培养学生科学的思维方法和操作方法，明确食品卫生检验对人民身体健康、企业生存、国家利益和安全的重要性，以严格的规范操作和事实证据作为判断准绳，认识到食品安全检验人员的重大责任，引导学生养成科学规范的食品检验工作素养，将来成为人民食品安全的守护者、企业质量的保证者、国家法规的捍卫者。

思政触点四：大肠菌群计数实验——辩证的思考问题，明确自己在食品安全中的责任担当。

在大肠菌群计数实验中，我们通过设置空白对照、阳性对照和阴性对照，与检样共同规范处理操作,以确保实验结果的准确性,点明求真求实在食品检验工作中的重要意义,追求准确不仅要从主观上重视,还要从客观上保证,在检验过程中采取有效的手段措施,学思结合培养学生辩证唯物的思考问题,从科学的角度正确地认识问题、分析问题和解决问题;通过对检样结果的分析和与当前发达国家食品卫生标准对比,激发学生将来作为食品检验人员的使命和责任担当。

实验一 食品微生物学检验样品的采集和处理

一、实验目的

(1)列举食品微生物学检验采样的原则。
(2)区别各类食品的采样方法。
(3)明确专业职责,养成遵守法律规范、严格规范操作的食品检验工作素养。

二、实验原理

食品检验的目的是判断一批食品合格与否。食品检验的数量有限,样品采集必须具有代表性。为了真实反映产品质量,采样过程中还需要预防污染。采样前,采样人员要明确采样任务,制订采样计划,确定采样区域,准备充足的采样工具和采样容器。采样工具应使用不锈钢或其他强度适当的材料,表面光滑,无缝隙,边角圆润。采样工具应清洗和灭菌,使用前保持干燥。样品容器的材料(如玻璃、不锈钢、塑料等)和结构应能充分保证样品的原有状态。容器和盖子应清洁、无菌、干燥。样品容器应有足够的体积,使样品可在测试前充分混匀。样品容器包括采样袋、采样管、采样瓶等。在采样现场采样时,要按照计划填写采样信息登记表格,如实记录采样相关信息。采样一般应有两人以上共同完成。通常,每份样品采集相同样品两份,一份用于分析检验,另一份作为备用样品,按照样品保存的相关要求妥善保存。

食品微生物采样原则:

(1)根据检验目的、食品特点、批量、检验方法、微生物的危害程度等确定采样方案。

（2）应采用随机原则进行采样，确保所采集的样品具有代表性。

（3）采样过程遵循无菌操作程序，防止一切可能的外来污染。

（4）样品在保存和运输的过程中，应采取必要的措施，如低温、快速运送到实验室等，防止样品中原有微生物的数量变化，保持样品的原有状态。

采样方案分为二级和三级采样方案。二级采样方案设有 n、c 和 m 值，三级采样方案设有 n、c、m 和 M 值。

n：同一批次产品应采集的样品件数。

c：最大可允许超出 m 值的样品数。

m：微生物指标可接受水平的限量值。

M：微生物指标的最高安全限量值。

注意：

（1）按照二级采样方案设定的指标，在 n 个样品中，允许有 $\leqslant c$ 个样品其相应微生物指标检验值大于 m 值。

（2）按照三级采样方案设定的指标，在 n 个样品中，允许全部样品中相应微生物指标检验值小于或等于 m 值。

（3）允许有 $\leqslant c$ 个样品其相应微生物指标检验值在 m 值和 M 值之间；不允许有样品相应微生物指标检验值大于 M 值。

例如：$n=5$，$c=2$，$m=100$ CFU/g，$M=1000$ CFU/g。含义是从一批产品中采集 5 个样品，若 5 个样品的检验结果均小于或等于 m 值（$\leqslant 100$ CFU/g），则这种情况是允许的；若 $\leqslant 2$ 个样品的结果（X）位于 m 值和 M 值之间（100 CFU/g $<X \leqslant 1000$ CFU/g），则这种情况也是允许的；若有 3 个及以上样品的检验结果位于 m 值和 M 值之间，则这种情况是不允许的；若有任一样品的检验结果大于 M 值（>1000 CFU/g），则这种情况也是不允许的。

各类食品的采样方案按相应产品标准中的规定执行。

三、实验材料

电子天平、无菌均质袋、无菌吸管、剪刀、玻璃棒、烧杯、冰箱等。

四、实验步骤

（一）不同样品采集

采样应遵循无菌操作程序，采样工具和容器应无菌、干燥、防漏，形状及大小适宜。

1. 即食类预包装食品

取相同批次的最小零售原包装，检验前要保持包装的完整，避免污染。

2. 非即食类预包装食品

原包装小于 500 g 的固态食品或小于 500 mL 的液态食品，取相同批次的最小零售原包装。

大于 500 mL 的液态食品，应在采样前摇动或用无菌棒搅拌液体，使其达到均质后分别从相同批次的 n 个容器中采集 5 倍或以上检验单位的样品。

大于 500 g 的固态食品，应用无菌采样器从同一包装的几个不同部位分别采取适量样品，放入同一个无菌采样容器内，采样总量应满足微生物指标检验的要求。

3. 散装食品或现场制作食品

根据不同食品的种类和状态及相应检验方法中规定的检验单位，用无菌采样器现场采集 5 倍或以上检验单位的样品，放入无菌采样容器内，采样总量应满足微生物指标检验的要求。

（二）采集样品的标记

应对采集的样品进行及时、准确的记录和标记，采样人应清晰填写采样单（包括采样人、采样地点、时间、样品名称、来源、批号、数量、保存条件等信息）。

（三）采集样品的贮存和运输

采样后，应将样品在接近原有贮存温度条件下尽快送往实验室检验。运输时应保持样品完整。如不能及时运送，应在接近原有贮存温度条件下贮存。

（四）样品检验

（1）实验室接到送检样品后应认真核对登记，确保样品的相关信息完整并符合检验要求。

（2）实验室应按要求尽快检验。若不能及时检验，应采取必要的措施保持样品的原有状态，防止样品中目标微生物因客观条件的干扰而发生变化。

（3）冷冻食品应在 45℃以下不超过 15 min 或 2℃～5℃不超过 18 h，解冻后进行检验。

（五）记录与报告

检验过程中应即时、准确地记录观察到的现象、结果和数据等信息。实验室应按照检验方法中规定的要求，准确、客观地报告每一项检验结果。

（六）检验后样品的处理

（1）检验结果报告后，被检样品方能处理。检出致病菌的样品要经过无害化处理。
（2）检验结果报告后，剩余样品或同批样品不进行微生物项目的复检。

五、实验结果与报告

（1）设计一份即食类食品的采样方案。
（2）设计一份散装食品的采样方案。

六、思考题

（1）食品微生物采样的原则是什么？
（2）采样中的哪些因素会影响下一步的微生物检验？

实验二　肉与肉制品检验采样

一、实验目的

（1）对不同肉制品进行样品采取。
（2）能对肉与肉制品检样进行处理。
（3）养成食品卫生检验规范意识。

二、实验原理

动物的饲养管理、机体健康状况及屠宰加工的环境条件等影响着鲜肉上微生物的种类和数量。健康动物的体表以及一切与外界相通的腔道中都存在微生物。通常情况下，这些正常菌群不侵入深部组织，但在屠宰过程中可能造成鲜肉的污染。在动物机体抵抗力下降或创伤的情况下，某些病原菌或条件致病菌，可侵入肌肉组织或脏器。屠宰加工场所的刀具、挂钩和冲洗用水等也会造成鲜肉的污染。鲜肉中的微生物包括细菌、真菌、病毒等。

在熟肉制品中，一些来源于动物的耐热细菌或细菌的芽胞仍然会存活下来，如嗜热脂肪芽杆菌等。另一导致熟肉制品微生物污染的原因是加工操作人员和贮藏熟肉的容器。另外，在加工储存过程中，空气中的尘埃和鼠蝇等也可能将微生物污染带入肉制品中。

通过肉禽及其制品内的细菌含量可以判断其质量和新鲜程度,此时需要采集样品不少于250 g,禽类则需采取整只。

若检验肉禽及其制品受外界环境污染的程度或检测其是否带有某种致病菌,应用棉拭子采样法进行检验,或对可疑部位用棉拭子直接揩抹即可。

本实验采样方法参考《食品卫生微生物学检验 肉与肉制品检验》(GB/T 4789.17—2003),采集的样品根据推荐标准,可对肉与肉制品进行的微生物检验有菌落总数测定、大肠菌群测定、沙门氏菌检验、志贺氏菌检验、金黄色葡萄球菌检验。

三、实验材料

采样箱、灭菌塑料袋、灭菌刀、剪子、镊子、无菌研钵、玻璃砂、灭菌带塞广口瓶、无菌水、试管、移液管、灭菌棉签、板孔规板、温度计、标签纸、记号笔等。

冷藏或售卖的生肉、整只鲜或冻家禽等。

四、实验步骤

(一)生肉样品采集

1. 采集检样

(1)屠宰场宰后的畜肉。开腔后,用无菌刀取两腿内侧肌肉各150 g,或劈半后取两侧背最长肌各150 g。

(2)冷藏或售卖的生肉。用无菌刀取腿肉或其他部位的肌肉250 g。

(3)腊肠、香肚等生灌肠。采取整根、整只,小型的可取数根、数只,其总量不少于250 g。

2. 送检

样品采集后应该立即送检。检样采取后放入灭菌容器内,立即送检,最好不超过3 h。

送检样时应注意冷藏,不得污染样品。检样送往检验室应立即检验或放置冰箱暂存。

3. 消毒

先将检样进行表面消毒,沸水内烫3~5 s,或烧灼消毒。

4. 研磨

用无菌剪子剪取检样深层肌肉25 g,放入无菌研钵内,用灭菌剪子剪碎后,加灭菌玻璃砂研磨。

5. 稀释

灭菌水 225 mL，混匀，得到 1∶10 稀释液。

（二）禽类样品采集

1. 采集检样

鲜、冻家禽采取整只，放入无菌容器内。带毛野禽可放清洁容器内。

2. 送检

样品采集后应该立即送检，最好不超过 3h，送检样时应注意冷藏，不得污染样品。检样送往化检验室应立即检验或放置冰箱暂存。

3. 消毒

先将检样用无菌剪或刀去皮，剪取肌肉 25 g，可从胸部或腿部剪取。带毛野禽应先去毛后，再进行消毒处理。

4. 研磨

用无菌剪子剪取检样深层肌肉 25 g，放入无菌研钵内，用灭菌剪子剪碎后，加灭菌玻璃砂研磨。

5. 稀释

加灭菌水 225 mL，混匀，得到 1∶10 稀释液。

（三）熟肉制品

1. 采集检样

酱卤肉、肴肉、肉灌肠、熏烤肉、肉松、肉脑、肉干等，一般取 250 g。熟禽取整只，均放灭菌容器内。

2. 送检

检样采取后放入灭菌容器内，立即送检。

3. 研磨

用无菌剪子剪取 25 g 检样，放入无菌研钵内，用灭菌剪子剪碎后，加灭菌玻璃砂研磨。

4. 稀释

加灭菌水 225 mL，混匀，得到 1∶10 稀释液。

（四）棉拭子采样法和检样处理

1. 规板取样

取用板孔 5 cm² 的金属制规板，压在受检物上。

2. 棉拭子擦拭

将灭菌棉拭子稍沾湿，在板孔 5 cm² 的范围内擦拭多次，然后将板孔规板移压另一点，用另一棉拭子擦拭，如此共移压擦拭 10 次，总面积为 50 cm²，共用 10 只棉拭子擦拭。

3. 剪断棉拭子

每支棉拭子在擦拭完毕后应立即剪断，后投入盛有 50 mL 灭菌水的三角烧瓶或大试管中，立即送检。

4. 稀释

检验时先充分摇晃，吸取瓶、管中的液体作为原液，再按要求进行 10 倍递增稀释。

五、实验结果与报告

填写采样单（包括采样人、采样地点、时间、样品名称、来源、批号、数量、保存条件等信息）。

六、思考题

（1）查阅资料，分析一下鲜肉和熟肉制品中都有哪些微生物？
（2）棉拭子采样为什么要用规板，并且用 10 个棉拭子进行多次擦拭？
（3）在不清楚可能存在的微生物致病风险下，还可以采取哪些事先预防措施？

实验三　蛋与蛋制品检验采样

一、实验目的

（1）对蛋与蛋制品按标采集样品。
（2）对蛋与蛋制品检样进行处理。
（3）养成食品卫生检验规范意识。

二、实验原理

鸡蛋营养价值丰富，食用广泛。但是，鸡蛋非常容易沾染上沙门氏菌、金黄色葡萄球菌、大肠杆菌、芽孢杆菌等微生物。污染的禽蛋不仅保质期缩短，还增加了导致食用者细菌性食物中毒的风险，危害人体健康。

对成批产品进行质量鉴定时的采样数量可以按照如下方式：

（1）巴氏杀菌全蛋粉、蛋黄粉、蛋白片等产品以生产一日或一班生产量为一批。检验沙门氏菌时，按每批总量的5%抽样，即每100箱中抽验5箱，每箱一个检样，但每批最少不得少于3个检样。

测定菌落总数和大肠菌群时，每批按罐装工序前、中、后取样3次，每次取样100 g，每批合为一个检样。

（2）巴氏杀菌冰全蛋、冰蛋黄、冰蛋白等产品按生产批号在罐装过程中流动取样。检验沙门氏菌时，冰蛋黄及冰蛋白按每250 kg取样一件，巴氏消毒冰全蛋按每500 kg取样一件。菌落总数测定和大肠菌群测定时，在每批罐装工序前、中、后取样3次，每次取样100 g合为一个检样。

本实验方法参考《食品卫生微生物学检验　蛋与蛋制品检验》（GB/T 4789.19—2003）。采集的样品根据推荐标准，可对蛋与蛋制品进行的微生物检验有菌落总数测定、大肠菌群测定、沙门氏菌检验、志贺氏菌检验。

三、实验材料

采样箱、无菌袋、无菌广口瓶、勺子、铝铲、漏斗、搅拌棒、75%酒精棉球。

鲜蛋或糟蛋或皮蛋、巴氏杀菌冰全蛋或冰蛋黄或冰蛋白铁听制品、全蛋粉或蛋黄粉或蛋白片。

四、实验步骤

（一）采样

1.鲜蛋、糟蛋、皮蛋

（1）随机抽取一定数量的检品，用流水冲洗外壳。

（2）用75%酒精棉球涂擦消毒后放入灭菌袋内，加封。

（3）标记采样人、采样地点、时间、样品名称、来源、批号、数量、保存条件等信息后送检。

2.巴氏杀菌冰全蛋、冰蛋黄、冰蛋白铁听制品

（1）随机抽取规定数量的检品。

（2）先将铁听开口处用75%酒精棉球消毒，再用灭菌电钻由顶到底斜角钻入，徐徐钻取检样，然后抽出电钻。

（3）标明相关信息后送检。

从中取出 250 g 检样装入灭菌广口瓶中。

（4）标明相关信息后送检。

3. 巴氏杀菌全蛋粉、蛋黄粉、蛋白片

（1）随机抽取规定数量的检品。

（2）将包装铁箱上开口处用 75% 酒精棉球消毒，用灭菌的金属制双层旋转式套管采样器斜角插入箱底，使套管旋转收取检样，再将采样器提出箱外。

（3）用灭菌的小匙自上、中、下部收取检样，装入灭菌广口瓶中，每个检样质量应不少于 100 g。

（4）标明相关信息后送检。

（二）检样的处理

1. 鲜蛋、糟蛋、皮蛋

（1）方法一：用灭菌生理盐水浸湿的棉拭子充分擦拭蛋壳，将棉拭子直接放入培养基内增菌培养。

（2）方法二：可将整只蛋放入灭菌小烧杯或培养皿中，按检样要求加入定量灭菌生理盐水或液体培养基，用灭菌棉拭子将蛋壳表面充分擦洗后，以擦洗液作为检样检验。

2. 鲜蛋蛋液

（1）将鲜蛋在流水下洗净。

（2）待干后再用 75% 酒精棉球消毒蛋壳。

（3）打开蛋壳取出蛋白、蛋黄或全蛋液，放入带有玻璃珠的灭菌瓶内，充分摇匀待检。

3. 巴氏杀菌全蛋粉、蛋白片、蛋黄粉

将检样放入带有玻璃珠的灭菌瓶内，按比例梯度稀释加入灭菌生理盐水充分摇匀待检。

4. 巴氏杀菌冰全蛋、冰蛋白、冰蛋黄

将装有冰蛋样品的瓶浸泡于流动冷水中，使样品溶化后取出，放入带有玻璃珠的灭菌瓶中充分摇匀待检。

5. 各种蛋制品沙门氏菌增菌培养

（1）以无菌方式称取检样。

（2）将 150 mL 亚硒酸盐煌绿增菌培养基预先置于盛有适量玻璃珠的灭菌瓶内，

将 30 g 蛋与蛋制品的检样接种于该培养基中。

若采用煌绿肉汤增菌培养基,仍需将此培养基预先置于盛有适量玻璃珠的灭菌瓶内。检样接种的数量、培养基数量和煌绿浓度,见表 2-3-1。

表 2-3-1　检样接种数量、培养基数量和煌绿浓度

检样种类	检样接种数量	培养基数量(mL)	煌绿浓度(g/mL)
巴氏杀菌全蛋粉	6 g(加 24 mL 灭菌水)	120	1/6000 ~ 1/4000
蛋黄粉	6 g(加 24 mL 灭菌水)	120	1/6000 ~ 1/4000
鲜蛋液	6 mL(加 24 mL 灭菌水)	120	1/6000 ~ 1/4000
蛋白片	6 g(加 24 mL 灭菌水)	150	1/1000000
巴氏杀菌冰全蛋	30 g	150	1/6000 ~ 1/4000
冰蛋黄	30 g	150	1/6000 ~ 1/4000
冰蛋白	30 g	150	1/6000 ~ 1/4000
鲜蛋、糟蛋、皮蛋	30 g	150	1/6000 ~ 1/4000

注：煌绿应在临用时加入肉汤中,煌绿浓度是以检样和增菌液的总量计算。

(3)盖紧瓶盖,充分摇匀。

(4)放入 36 ℃ ±1 ℃温箱中,培养 20±2 h。

五、实验结果与报告

填写采样单(包括采样人、采样地点、时间、样品名称、来源、批号、数量、保存条件等信息)。

六、思考题

(1)查阅资料,分析一下蛋和蛋制品中都有哪些微生物?

(2)取鲜蛋蛋液时,为什么要将鲜蛋在流水下洗净并用 75% 酒精棉球消毒蛋壳?若不这样做,对实验结果有什么影响?

实验四 乳与乳制品检验采样

一、实验目的

（1）对不同乳与乳制品采样。
（2）对不同乳与乳制品检样进行处理。
（3）养成食品卫生检验规范意识。

二、实验原理

乳和乳制品富含糖、脂肪、蛋白质、维生素等多种营养物质，微生物非常容易在其中生长。利用乳酸菌和部分酵母菌等有益菌生产的酸奶、奶酪等乳制品，营养丰富，口味独特，深受消费者喜爱。但是，一些腐败菌和病原菌也容易在乳和乳制品中生长繁殖，不仅影响乳和乳制品的口味营养、储存运输，甚至使消费者健康受到伤害。乳和乳制品检验是保证乳品质量的重要手段。

乳和乳制品包括的种类繁多，物理状态和包装大小不同，采样方法和检样处理方法也不同。生乳从单体的贮奶罐或贮奶车中进行采样；液态乳制品的采样适用于巴氏杀菌乳、发酵乳、灭菌乳、调制乳等；炼乳的采样适用于淡炼乳、加糖炼乳、调制炼乳等；奶油及其制品的采样适用于稀奶油、奶油、无水奶油等；固态乳制品采样适用于干酪、再制干酪、乳粉、乳清粉、乳糖和酪乳粉等。

本实验采样方法参考《食品安全国家标准 食品微生物学检验 乳与乳制品检验》（GB 4789.18—2010），采集的样品可用于菌落总数、大肠菌群、沙门氏菌、金黄色葡萄球菌、霉菌、酵母菌、单核细胞增生李斯特氏菌、双歧杆菌、乳酸菌、阪崎肠杆菌等的检测。

三、实验材料

采样勺、切割丝、刀具、剪刀、采样钻、吸管、锥形瓶、温度计、铝箔、封口膜、记号笔、采样登记表、棉球、75%乙醇等。

巴氏杀菌乳、发酵乳、灭菌乳、调制乳等。

四、实验步骤

（一）生乳与液态乳制品的采样和检样的处理

（1）生乳样品混匀后，立即用无菌采样工具分别从同一批次的贮奶罐中采集 n 个样品，采样量应满足微生物指标检验的要求。

（2）巴氏杀菌乳、发酵乳、灭菌乳、调制乳等，取相同批次最小零售原包装，每批至少取 n 件。

（3）将样品摇匀，以无菌操作开启包装。塑料或纸盒（袋）装，用75%酒精棉球消毒盒盖或袋口，用灭菌剪刀切开；玻璃瓶装，以无菌操作去掉瓶口的纸罩或瓶盖，瓶口经火焰消毒。液态乳中添加固体颗粒状物的，应均质后取样。

（4）用灭菌吸管从样品中吸取25 mL检样。取出的检样放入装有225 mL灭菌生理盐水的锥形瓶内，振摇均匀。

（二）炼乳的采样和检样的处理

（1）原包装小于或等于500 g（mL）的制品：取相同批次的最小零售原包装，每批至少取 n 件。采样量不小于5倍或以上检验单位的样品。

（2）原包装大于500 g（mL）的制品：采样前应摇动或使用搅拌器搅拌，使其达到均匀后采样。采样量不小于5倍或以上检验单位的样品。

如果样品无法进行均匀混合，就从样品容器中的各个部位取代表性样品。

（3）清洁瓶或罐的表面，再用点燃的酒精棉球消毒瓶或罐口周围，然后用灭菌的开罐器打开瓶或罐。

（4）以无菌操作从样品容器中称取25 g检样，放入预热至45 ℃的装有225 mL灭菌生理盐水（或其他增菌液）的锥形瓶中，摇匀。

（三）奶油及其制品的采样和检样的处理

（1）原包装小于或等于1000 g（mL）的制品：取相同批次的最小零售原包装，采样量不小于5倍或以上检验单位的样品。

（2）原包装大于1000 g（mL）的制品：采样前应摇动或使用搅拌器搅拌，使其达到均匀后采样。

（3）对于固态制品，用无菌抹刀除去表层产品，厚度不少于5 mm。将洁净、干燥的采样钻沿包装容器切口方向往下，匀速穿入底部。当采样钻到达容器底部时，将采样钻旋转180°，抽出采样钻并将采集的样品转入样品容器。采样量不小于5倍或以上检验单位的样品。

（4）以无菌操作打开采样容器包装，称取25 g检样，放入预热至45 ℃的装有

225 mL 灭菌生理盐水（或其他增菌液）的锥形瓶中，摇匀。从检样溶化到接种完毕的时间不应超过 30 min。

（四）干酪与再制干酪的采样和检样的处理

（1）原包装小于或等于 500 g 的制品：取相同批次的最小零售原包装，采样量不小于 5 倍或以上检验单位的样品。

（2）原包装大于 500 g 的制品：根据干酪的形状和类型，可分别使用下列方法采样，采样量不小于 5 倍或以上检验单位的样品。

①在距边缘不小于 10 cm 处，把取样器向干酪中心斜插到一个平表面，进行一次或几次。

②把取样器垂直插入一个面，并穿过干酪中心到对面。

③从两个平面之间，将取样器水平插入干酪的竖直面，插向干酪中心。

④若干酪是装在桶、箱或其他大容器中，或是将干酪制成压紧的大块时，将取样器从容器顶斜穿到底进行采样。

（3）以无菌操作打开样品外包装，对有涂层的样品削去部分表面封蜡，对无涂层的样品直接经无菌程序用灭菌刀切开干酪，用灭菌刀（勺）从表层和深层分别取出有代表性的适量样品。

（4）磨碎混匀，称取 25 g 检样。

（5）将检样放入预热到 45 ℃的装有 225 mL 灭菌生理盐水或增菌液的锥形瓶中，摇匀。

（6）充分混合 1～3 min，使样品均匀散开，分散过程中温度不超过 40 ℃。尽可能避免泡沫产生。

（五）乳粉、乳清粉、乳糖、酪乳粉的采样和检样的处理

（1）原包装小于或等于 500 g 的制品：取相同批次的最小零售原包装，采样量不小于 5 倍或以上检验单位的样品。

（2）包装大于 500 g 的制品：将洁净、干燥的采样钻沿包装容器切口方向往下，匀速穿入底部。当采样钻到达容器底部时，将采样钻旋转 180°，抽出采样钻并将采集的样品转入样品容器。采样量不小于 5 倍或以上检验单位的样品。

（3）取样前将样品充分混匀。罐装乳粉的开罐取样法同炼乳处理，袋装奶粉应用 75% 酒精棉球涂擦消毒袋口，以无菌操作开封取样。

（4）称取检样 25 g，加入预热到 45 ℃盛有 225 mL 灭菌生理盐水等稀释液或增菌液的锥形瓶内（可使用玻璃珠助溶），摇晃使充分溶解和混匀。

①对于经酸化工艺生产的乳清粉，应使用 pH8.4±0.2 的磷酸氢二钾缓冲液稀释。
②对于含较高淀粉的特殊配方乳粉，可使用 α-淀粉酶降低溶液黏度，或将稀释液加倍以降低溶液黏度。

五、实验结果与报告

根据实际情况，设计填写采样单（包括采样人、采样地点、时间、样品名称、来源、批号、数量、保存条件等信息）。

六、思考题

（1）样品和检样有什么区别和联系？
（2）查找资料，看看自己设计的采样单与资料中的是否一致，哪一份更具科学性？

实验五　商业无菌检验

一、实验目的

（1）区别低酸性罐藏食品和酸性罐藏食品。
（2）对罐藏食品进行商业无菌检验。
（3）形成求真求实的食品检验工作作风。

二、实验原理

微生物生长时有可能释放气体、改变周围的 pH，进而影响食品的性状。罐藏食品经保温后，若出现包装膨胀或产品的组织、形态、色泽和气味等的改变，表明其中可能出现微生物。例如，灭菌乳经保温后，若 pH 降低超过 0.2，乳酸度上升超过 0.02，结合菌落计数和接种培养的结果，可判断其中微生物的存在。

罐头食品是指将加工处理后的食品装入金属罐、玻璃瓶或软质材料容器中，经排气、密封、加热杀菌、冷却等工序达到商业无菌的食品。装罐、排气、密封、杀菌、冷却是罐头生产中的关键环节，直接影响罐头食品的品质和卫生质量。罐头食品应该达到商业无菌的要求。罐头食品的商业无菌是指罐头食品经适度的热杀菌以后，不含有致病的微生物，也不含有在通常温度下能在其中繁殖的非致病性微生物，这种状态称为商业无菌。商业无菌检验与其他食品的微生物检验不同，不是检测具体的微生物种类和数量，而是在适当温度下保温足够时间，使其中可能含有的微生物因繁殖增多，从而显示出存在，比进行全面的微生物分析省时省力。

低酸性罐藏食品是指除酒精饮料以外，杀菌后平衡 pH 大于 4.6，水分活度大于 0.85 的罐藏食品。原来是低酸性的水果、蔬菜或蔬菜制品，为加热杀菌的需要而加酸降低 pH 的，属于酸化的低酸性罐藏食品。

酸性罐藏食品是指杀菌后平衡 pH 等于或小于 4.6 的罐藏食品。pH 小于 4.7 的番茄、梨、菠萝及由其制成的汁，以及 pH 小于 4.9 的无花果均属于酸性罐藏食品。

区分低酸性罐头和酸性罐头食品对抑制微生物生长、制定安全的加工工艺十分重要。一般在 pH 低于 4.6 的情况下，不会发生由芽胞杆菌引起的变质，但变质的番茄酱或番茄汁罐头并不出现膨胀，但有腐臭味，伴有或不伴有 pH 降低，一般由需氧的芽胞杆菌所致。平酸腐败是罐头食品常见的一种腐败变质，表现为罐头内容物酸度增加而外观完全正常。低酸性罐头食品的典型平酸菌为嗜热脂肪芽孢杆菌，而酸性罐头的典型平酸菌则主要为嗜热凝结芽孢杆菌。

许多罐藏食品中含有嗜热菌，在正常的储存条件下不生长，但当产品暴露于较高的温度（50 ℃～55 ℃）时，嗜热菌就会生长并引起腐败。嗜热耐酸的芽胞杆菌和嗜热脂肪芽胞杆菌分别在酸性和低酸性的食品中引起腐败，但是并不出现包装容器膨胀，在 55 ℃培养不会引起包装容器外观的改变，但会产生臭味，伴有或不伴有 pH 的降低。番茄、梨、无花果和菠萝等类罐头的腐败变质有时是由于巴斯德梭菌引起的。嗜热解糖梭状芽胞杆菌就是一种嗜热厌氧菌，能够引起膨胀和产品的腐烂气味。

本实验参考《食品安全国家标准 食品微生物学检验 商业无菌检验》（GB 4789.26—2013）。

三、实验材料

电子天平、无菌均质袋、无菌吸管或微量移液器、玻璃珠、试管、均质器、电位 pH 计、开罐器和罐头打孔器、显微镜、水浴箱、培养箱、灭菌锅等。

橘子罐头、软包装扒鸡、巴氏杀菌袋乳。

四、实验步骤

（一）配制培养基和试剂

1. 无菌生理盐水

NaCl	8.5 g
蒸馏水	1000 mL

将 8.5 g NaCl 溶于 1000 mL 蒸馏水，于 121 ℃高压灭菌 15 min。

2. 结晶紫染色液

结晶紫	1.0 g
95% 乙醇	20.0 mL
1% 草酸铵溶液	80.0 mL

配制时，将 1.0 g 结晶紫完全溶解于 95% 乙醇中，再与 1% 草酸铵溶液混合。该染色液使用时，将涂片在酒精灯火焰上固定，滴加结晶紫染液，染 1 min，水洗，用于镜检。

（二）样品准备及记录

去除表面标签，在包装容器表面用防水的油性记号笔做好标记，并记录容器编号、产品性状、泄漏情况、是否有小孔或锈蚀、压痕、膨胀及其他异常情况。

（三）称重

1 kg 及以下的包装物精确到 1 g，1 kg 以上的包装物精确到 2 g，10 kg 以上的包装物精确到 10 g，并记录。

（四）保温

每个批次取 1 个样品置于 2 ℃～5 ℃冰箱保存作为对照，将其余样品在 36 ℃±1 ℃下保温 10 d。

（五）检查和记录

保温过程中应每天检查，如有膨胀或泄漏现象，应立即开启检查。

保温结束时，再次称重并记录，比较保温前后样品重量有无变化。如有变轻，表明样品发生泄漏，应将所有包装物置于室温直至开启检查。

（六）开启膨胀的样品

（1）如有膨胀的样品，则将样品先置于 2 ℃～5 ℃冰箱内冷藏数小时后开启。

（2）用冷水和洗涤剂清洗待检样品的光滑面。水冲洗后用无菌毛巾擦干。以含4%碘的乙醇溶液浸泡消毒光滑面15 min后用无菌毛巾擦干，在密闭罩内点燃至表面残余的碘乙醇溶液全部燃烧完。膨胀样品以及采用易燃包装材料包装的样品不能灼烧，以含4%碘的乙醇溶液浸泡消毒光滑面30 min后用无菌毛巾擦干。

（3）在超净工作台或百级洁净实验室中开启。带汤汁的样品开启前应适当摇晃。使用无菌开罐器在消毒后的罐头光滑面开启一个适当大小的口，开罐时不得伤及卷边结构，每一个罐头单独使用一个开罐器，不得交叉使用。如样品为软包装，可以使用灭菌剪刀开启，不得损坏接口处。立即在开口上方嗅闻气味，并记录。

注意：严重膨胀样品可能会发生爆炸，喷出有毒物。可以采取在膨胀样品上盖一条灭菌毛巾或者用一个无菌漏斗倒扣在样品上等预防措施来防止这类危险的发生。

（七）留样

开启后，用灭菌吸管或其他适当工具以无菌操作取出内容物至少30 mL（g）至灭菌容器内，保存于2℃～5℃冰箱中，在需要时可用于进一步试验，待该批样品得出检验结论后可弃去。开启后的样品可进行适当的保存，以备日后容器检查时使用。

（八）感官检查

在光线充足、空气清洁无异味的检验室中，将样品内容物倾入白色搪瓷盘内，对产品的组织、形态、色泽和气味等进行观察和嗅闻，按压食品检查产品性状，鉴别食品有无腐败变质的迹象，同时观察包装容器内部和外部的情况，并记录。

（九）pH测定

1. 样品处理

（1）液态制品混匀备用，有固相和液相的制品则取混匀的液相部分备用。

（2）对于稠厚或半稠厚制品以及难以从中分出汁液的制品（如糖浆、果酱、果冻、油脂等），取一部分样品在均质器或研钵中研磨，如果研磨后的样品仍太稠厚，加入等量的无菌蒸馏水，混匀备用。

2. 测定

（1）将电极插入被测试样液中，将pH计的温度调整器调节到被测液的温度。如果仪器没有温度调整系统，被测试样的温度应调到20℃±2℃的范围之内，采用适合于所用pH计的步骤进行测定。当读数稳定后，从仪器的标度上直接读出pH，精确到0.05pH单位。

（2）同一个制备试样至少进行两次测定。两次测定结果之差应不超过0.1 pH单位。取两次测定的算术平均值作为结果，报告精确到0.05 pH单位。

3.分析结果

与同批中冷藏保存对照样品相比，比较是否有显著差异。pH 相差 0.5 及以上判为显著差异。

（十）涂片染色镜检

1.涂片

参考下列方法，取样品内容物进行涂片：

（1）带汤汁的样品可用接种环挑取汤汁涂于载玻片上。

（2）固态食品可直接涂片或用少量灭菌生理盐水稀释后涂片，待干后用火焰固定。

（3）油脂性食品涂片自然干燥并火焰固定后，用二甲苯流洗，自然干燥。

2.染色镜检

对上述涂片用结晶紫染色液进行单染色，干燥后镜检，至少观察 5 个视野。

记录菌体的形态特征以及每个视野的菌数。与同批冷藏保存对照样品相比，判断是否有明显的微生物增殖现象。菌数有百倍或百倍以上的增长则判为明显增殖。

五、实验结果与报告

（1）样品经保温试验未出现泄漏；保温后开启，经感官检验、pH 测定、涂片镜检，确证无微生物增殖现象，则可报告该样品为商业无菌。

（2）样品经保温试验出现泄漏；保温后开启，经感官检验、pH 测定、涂片镜检，确证有微生物增殖现象，则可报告该样品为非商业无菌。

六、思考题

（1）为什么不用涂布平板的方法进行商业无菌检验？

（2）商业无菌检验为什么进行感官检验和 pH 测定？

（3）本实验通过涂片镜检，判断保温样品是否有明显的微生物增殖现象，如何保证判断的准确性？

实验六 食品中菌落总数的测定

一、实验目的

（1）概述菌落总数测定在食品卫生学评价中的意义。
（2）解释食品中菌落总数的原理。
（3）运用国标对食品中菌落总数测定。
（4）养成求真求实的食品检验工作作风。

二、实验原理

食品营养丰富，本身就适于微生物生长。食品原料、加工制作过程、储藏运输、销售过程等因素都会影响食品中的微生物种类和含量。微生物不仅会造成食品腐败，还会造成一些食源性疾病的传播，危害人类身体健康。

常用食品中菌落总数作为判定食品被污染程度的标准，菌落总数越多，污染越严重。食品中菌落总数是指食品检样经过处理，在一定条件下（如培养基、培养温度和培养时间等）培养后，所得每克（毫升）检样中形成的微生物菌落总数。

每种微生物都有它一定的生理特性，需要不同的营养条件、培养温度、培养时间才能培养出来。由于引起食品腐败和污染的主要微生物类群是细菌，在实际工作中，一般不需要将所有的微生物都培养出来，而是将一种方法培养出的细菌作为相对总菌数的代表。细菌菌落总数的测定所得结果只包括一群能在营养琼脂上生长的嗜中温性需氧菌的菌落总数，并不表示样品中实际存在的所有细菌总数，菌落总数并不能区分其中细菌的种类，所以有时被称为杂菌数、需氧菌数等。

本实验参考《食品安全国家标准 食品微生物学检验 菌落总数测定》（GB 4789.2—2016）中规定的食品中菌落总数的测定方法。实验结束后，要对用过的耗材和平板培养基等进行无害化处理，防止污染。

三、实验材料

电子天平、无菌均质袋、无菌吸管或微量移液器、玻璃珠、试管、均质器、水浴箱、培养箱、灭菌锅。

KH_2PO_4、NaCl、胰蛋白胨、酵母浸膏、葡萄糖、琼脂等。

散装蛋糕、散牛奶等。

四、实验步骤

（一）配制培养基和试剂

计算培养基用量，根据培养基或试剂配方依次准确称取各种药品，分装试管或三角瓶。

1. 平板计数琼脂培养基

胰蛋白胨	5.0 g
酵母浸膏	2.5 g
葡萄糖	1.0 g
琼脂	15 g
蒸馏水	1000 mL

pH7.0 ~ 7.2

将上述成分加于蒸馏水中，煮沸溶解，调节 pH 至 7.0±0.2。分装试管或锥形瓶，于 121 ℃高压灭菌 15 min。

2. 无菌生理盐水

NaCl	8.5 g
蒸馏水	1000 mL

称取 8.5 gNaCl 溶于 1000 mL 蒸馏水中，于 121 ℃高压灭菌 15 min。

3. 磷酸盐缓冲液

KH_2PO_4	34.0 g
蒸馏水	500 mL

pH7.2

贮存液：称取 34.0 g 的 KH_2PO_4 溶于 500 mL 蒸馏水中，用大约 175 mL 的 1 mol/L NaCl 溶液调节 pH，用蒸馏水稀释至 1000 mL 后贮存于冰箱。

稀释液：取贮存液 1.25 mL，用蒸馏水稀释至 1000 mL，分装于适宜容器中。

计算需要量，配制培养基和试剂，分装到试管和 500 mL 三角瓶中，于 121 ℃灭菌 15 min。

（二）样品处理

1. 固体和半固体样品

称取 25 g 样品置于盛有 225 mL 磷酸盐缓冲液或生理盐水的无菌均质杯内，8000～10000 r/min 均质 1～2 min，或放入盛有 225 mL 稀释液的无菌均质袋中，用拍击式均质器拍打 1～2 min，制成 1∶10 的样品匀液。

2. 液体样品

以无菌吸管吸取 25 mL 样品置于盛有 225 mL 磷酸盐缓冲液或生理盐水的无菌三角瓶（瓶内预置适当数量的无菌玻璃珠）中，充分混匀，制成 1∶10 的样品匀液。

（三）样品稀释

用 1 mL 无菌吸管或微量移液器吸取 1∶10 样品匀液 1 mL，沿管壁缓慢注于盛有 9 mL 稀释液的无菌试管中（注意吸管或吸头尖端不要触及稀释液面），摇晃试管或换用 1 支无菌吸管反复吹打使其混合均匀，制成 1∶100 的样品匀液。继续制备 10 倍系列稀释样品匀液。

注意：每递增稀释一次，换用 1 次 1 mL 无菌吸管或吸头。

（四）倾注平板

（1）根据对样品污染状况的估计，选择 2～3 个适宜稀释度的样品匀液甚至是原液，吸取 1 mL 样品匀液于无菌培养皿内，每个稀释度做两个培养皿。

（2）分别吸取 1 mL 空白稀释液加入两个无菌培养皿内作为空白对照。

（3）将 15～20 mL 冷却至 46 ℃的平板计数琼脂培养基倾注到培养皿内，并转动培养皿使其混合均匀。

（五）培养

待琼脂凝固后，将平板翻转，于 36 ℃±1 ℃培养 48±2 h。水产品于 30 ℃±1 ℃培养 72±3 h。

注意：如果样品中可能含有在琼脂培养基表面弥漫生长的菌落时，可在凝固后的琼脂表面覆盖约 4 mL 的琼脂培养基，凝固后翻转平板，进行培养。

（六）菌落计数

可用肉眼观察，必要时用放大镜或菌落计数器，记录稀释倍数和相应的菌落数量。菌落计数以 CFU 表示。

注意：

（1）选取菌落数在 30～300 CFU 之间、无蔓延菌落生长的平板计数菌落总数。

低于 30 CFU 的平板记录具体菌落数，大于 300 CFU 的可记录为多不可计。每个稀释度的菌落数应采用两个平板的平均数。

（2）其中一个平板有较大片状菌落生长时，则不宜采用，而应以无片状菌落生长的平板作为该稀释度的菌落数；若片状菌落不到平板的一半，而其余一半中菌落分布又很均匀，即可计算半个平板菌落数后乘以2，代表一个平板菌落数。

（3）当平板上出现菌落间无明显界线的链状生长时，则将每条单链作为一个菌落计数。

五、实验结果与报告

（一）菌落总数的计算方法

（1）若只有一个稀释度平板上的菌落数在适宜计数范围内，计算两个平板菌落数的平均值，再将平均值乘以相应稀释倍数，作为每克（毫升）样品中菌落总数结果。

（2）若有两个连续稀释度的平板菌落数在适宜计数范围内时，按下列公式计算：

$$N = \frac{\sum C}{(n_1 + 0.1 n_2)d} \quad (2\text{-}6\text{-}1)$$

式中：

N ——样品中菌落数；

$\sum C$ ——平板（含适宜范围菌落数的平板）菌落数之和；

n_1 ——第一稀释度（低稀释倍数）平板个数；

n_2 ——第二稀释度（高稀释倍数）平板个数；

d ——稀释因子（第一稀释度）。

示例（表2-6-1）：

表2-6-1 不同稀释度和菌落数对应表

稀释度	1∶100（第一稀释度）	1∶1 000（第二稀释度）
菌落数（CFU）	232，244	33，35

$$N = \frac{\sum C}{(n_1 + 0.1 n_2)d}$$

$$= \frac{232 + 244 + 33 + 35}{(2 + 0.1 \times 2) \times 10^{-2}} = \frac{544}{0.022} \approx 24727$$

上述数据按菌落总数的报告中的要求进行数字修约后，表示为25000或 2.5×10^4。

（3）若所有稀释度的平板上菌落数均大于 300 CFU，则对稀释度最高的平板进行计数，其他平板可记录为"多不可计"，结果按平均菌落数乘以最高稀释倍数计算。

（4）若所有稀释度的平板菌落数均小于 30 CFU，则应按稀释度最低的平均菌落数乘以稀释倍数计算。

（5）若所有稀释度（包括液体样品原液）的平板均无菌落生长，则以小于 1 乘以最低稀释倍数计算。

（6）若所有稀释度的平板菌落数均不在 30～300 CFU，其中一部分小于 30 CFU 或大于 300 CFU 时，则以最接近 30 CFU 或 300 CFU 的平均菌落数乘以稀释倍数计算。

（二）菌落总数的报告

（1）菌落数小于 100 CFU 时，按"四舍五入"原则修约，以整数报告。

（2）菌落数大于或等于 100 CFU 时，第 3 位数字采用"四舍五入"原则修约后，取前两位数字，后面用 0 代替位数。也可用 10 的指数形式来表示，按"四舍五入"原则修约后，采用两位有效数字。

（3）若所有平板上均为蔓延菌落而无法计数，则报告菌落蔓延。

（4）若空白对照上有菌落生长，则此次检测结果无效。

（5）称重取样以 CFU/g 为单位报告，体积取样以 CFU/mL 为单位报告。

六、思考题

（1）倾注平板时为什么要设置对照？

（2）为什么两个连续稀释度的平板菌落数在适宜计数范围内时的计算方法不同于只有一个稀释度平板上的菌落数在适宜计数范围的情况？

（3）你测定的样品是否符合国标？查阅资料进行说明。

实验七　食品中霉菌和酵母菌计数

一、实验目的

（1）对比分析马铃薯—葡萄糖—琼脂培养基和孟加拉红培养基各成分的作用。
（2）简述食品中霉菌和酵母菌计数的检验程序。
（3）根据国标对食品中霉菌和酵母菌计数。
（4）养成求真求实的食品检验工作作风。

二、实验原理

霉菌广泛分布在自然界，种类繁多，数量大，与人类关系密切。它是引起食品腐败变质的主要微生物类群。霉菌还可以产生毒素，如果一次性摄入大量含霉菌毒素的食物可发生急性中毒；如果长期食用少量霉菌毒素污染的食物可导致慢性中毒或癌症。

本实验用到的马铃薯—葡萄糖—琼脂培养基和孟加拉红培养基，适合霉菌和酵母菌生长，不利于细菌和放线菌生长。孟加拉红和氯霉素起到抑制细菌生长的作用，在抑制细菌的选择性培养基中较常用到。此外，孟加拉红还能抑制霉菌扩散。将食品检样匀质后，经 10 倍梯度稀释，使用霉菌培养基倾注平板法，培养后，根据霉菌和酵母菌的菌落特征进行区分和计算，获得检样中含有的霉菌和酵母菌的数量。

本实验设计参考《食品安全国家标准　食品微生物学检验　霉菌和酵母计数》（GB 4789.15—2016）。

实验结束后，要对用过的耗材和平板培养基等进行无害化处理，防止污染。

三、实验材料

高压蒸汽灭菌锅、超净工作台、电子天平、恒温培养箱、冰箱、恒温水浴箱、天平（感量为 0.1 g）、均质器、振荡器、1 mL 和 10 mL 无菌吸管或微量移液器及吸头、250mL 和 500mL 无菌三角瓶、无菌培养皿（直径 90 mm）、pH 计或 pH 比色管或精密 pH 试纸、无菌试管、酒精灯。

马铃薯、氯霉素、蛋白胨、葡萄糖、磷酸二氢钾、硫酸镁、琼脂、孟加拉红。

四、实验步骤

霉菌和酵母计数的检验程序如图 2-7-1 所示,熟悉霉菌和酵母计数的整个过程。

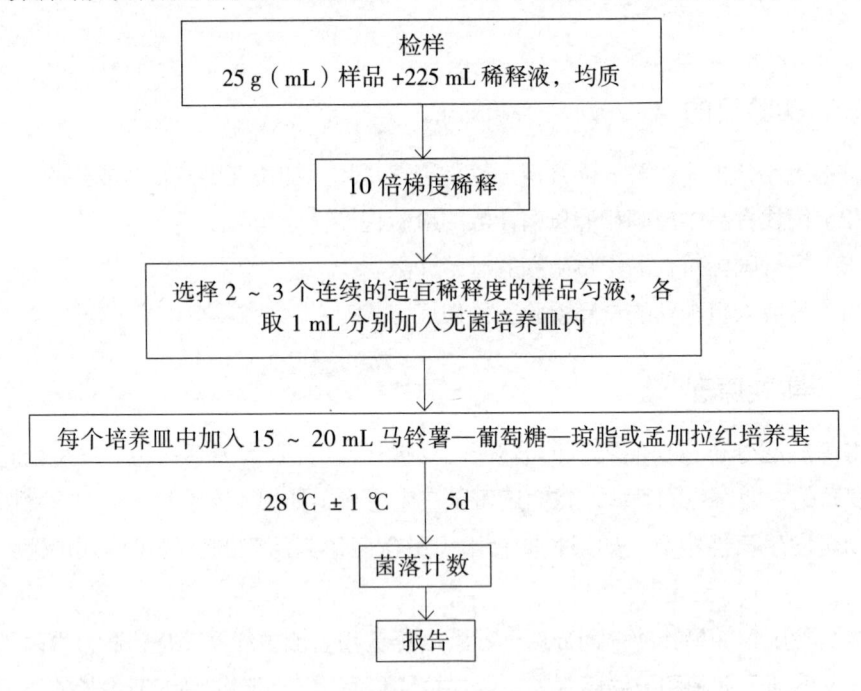

```
检样
25 g(mL)样品 +225 mL 稀释液,均质
            ↓
     10 倍梯度稀释
            ↓
选择 2~3 个连续的适宜稀释度的样品匀液,各
取 1 mL 分别加入无菌培养皿内
            ↓
每个培养皿中加入 15~20 mL 马铃薯—葡萄糖—琼脂或孟加拉红培养基
     28 ℃ ±1 ℃    5d
            ↓
         菌落计数
            ↓
          报告
```

图 2-7-1 霉菌和酵母计数的检验程序

(一)配制培养基和试剂

1. 马铃薯—葡萄糖—琼脂培养基

马铃薯	300 g
葡萄糖	20.0 g
琼脂	20.0 g
蒸馏水	1000 mL
氯霉素	0.1 g

(1)将马铃薯去皮切块,加 1000 mL 蒸馏水,煮沸 10~20 min。用纱布过滤,补加蒸馏水至 1000 mL。加入葡萄糖和琼脂,加热溶化,分装后于 121 ℃灭菌 20 min。

(2)倾注平板前,培养基融化冷却到 45 ℃,用少量乙醇溶解氯霉素加入培养基中,轻摇混匀,尽快倾注平板。

2. 孟加拉红培养基

蛋白胨	5.0 g
葡萄糖	10.0 g
KH_2PO_4	1.0 g
$MgSO_4$	0.5 g
孟加拉红	0.033 g
琼脂	20.0 g
蒸馏水	1000 mL
氯霉素	0.1 g

（1）上述各成分加入蒸馏水中，加热溶化，补足蒸馏水至1000 mL，分装后于121℃灭菌20 min。

（2）倾注平板前，培养基融化冷却到45℃，用少量乙醇溶解氯霉素加入培养基中，轻摇混匀，尽快倾注平板。

（二）样品处理

根据样品状况选择其中一种方法进行样品稀释。

1. 固体和半固体样品

称取25 g样品至盛有225 mL灭菌蒸馏水的三角瓶中，充分振摇，即为1∶10稀释液；或称取25 g样品放入盛有225 mL无菌蒸馏水的均质袋中，用拍击式均质器拍打2 min，制成1∶10的样品匀液。

2. 液体样品

以无菌吸管吸取25 mL样品至盛有225 mL无菌蒸馏水的三角瓶（可在瓶内预置适当数量的无菌玻璃珠）中，充分混匀，制成1∶10的样品匀液。

（三）梯度稀释

取上述1∶10稀释液1 mL注入含有9 mL无菌水的试管中，另换一支1 mL无菌吸管反复吹吸，此液为1∶100稀释液。每递增稀释一次，换用1次1 mL无菌吸管。按此操作程序，制备10倍系列稀释样品匀液。

（四）平板加样

（1）根据对样品污染状况的估计，选择2～3个适宜稀释度的样品匀液（液体样品可包括原液），在进行10倍递增稀释的同时，每个稀释度分别吸取1 mL样品匀液放于1个无菌培养皿内，重复2个无菌培养皿，同时做空白对照。

（2）及时将15~20 mL冷却至46℃的马铃薯—葡萄糖—琼脂或孟加拉红培养基（可放置于46℃±1℃恒温水浴箱中保温）倾注培养皿，并转动培养皿使其混合均匀。

（五）培养

待琼脂凝固后，将平板倒置，于28℃±1℃培养5d，观察并记录。

（六）菌落观察和计数

肉眼观察，必要时可用放大镜，记录各稀释倍数和相应的霉菌和酵母数量。

五、实验结果与报告

（一）计算

选取菌落数在10~150 CFU的平板，根据菌落形态分别计数霉菌和酵母数，以菌落形成单位（colony forming units, CFU）表示。

霉菌蔓延生长覆盖整个平板的可记录为"多不可计"。菌落数应采用两个平板的平均数。

（1）计算两个平板菌落数的平均值，再将平均值乘以相应稀释倍数计算。

（2）若所有平板上菌落数均大于150 CFU，则对稀释度最高的平板进行计数，其他平板可记录为"多不可计"，结果按平均菌落数乘以最高稀释倍数计算。

（3）若所有平板上菌落数均小于10 CFU，则应按稀释度最低的平均菌落数乘以稀释倍数计算。

（4）若所有稀释度平板均无菌落生长，则以小于1乘以最低稀释倍数计算；如为原液，则以小于1计数。

（二）报告

（1）菌落数在100CFU以内时，按"四舍五入"原则修约，采用两位有效数字报告。

（2）菌落数大于或等于100CFU时，前3位数字采用"四舍五入"原则修约后，取前两位数字，后面用0代替位数表示结果；也可用10的指数形式表示，此时也按"四舍五入"原则修约，采用两位有效数字。

（3）称重取样以CFU/g为单位报告，体积取样以CFU/mL为单位报告，报告或分别报告霉菌和酵母数。

六、思考题

（1）霉菌的菌落形态和酵母菌菌落形态有哪些不同？

（2）培养基中的孟加拉红和氯霉素有什么作用？
（3）本实验配制培养基和平板加样过程中应该注意什么？

实验八 大肠菌群计数

一、实验目的

（1）解释大肠菌群的定义。
（2）分析培养基中各个成分的作用。
（3）参照国标，运用两种方法对食品中的大肠菌群计数。
（4）理解食品检验人员的使命和责任担当，形成辩证唯物思考问题的能力，科学地分析、解决问题，培养求真求实的食品检验职业素养。

二、实验原理

MPN（most probable number）法，即最大可能数法或最近似数法。它是将不同稀释度的待测样品接种至液体培养基中培养，然后根据受检菌的特性选择适宜的方法以判断其生长，并经统计学处理而进行计数。应用本法不需要涂布平板和计数单菌落，只需将稀释样品进行接种，此法也称为稀释液体培养计数法或稀释频度法。

本实验中大肠菌群（Coliforms）计数采用两种方法，一种是MPN计数法，另一种是平板计数法，适用于食品中大肠菌群的计数。

大肠菌群并非细菌分类学名称，不代表某一个或某一属细菌，而是具有某些特性的一组与粪便污染有关的细菌类群，是卫生细菌领域的用语。大肠菌群具体是指一群能在37℃，24 h内发酵乳糖产酸产气、需氧和兼性厌氧的革兰氏阴性、无芽孢杆状细菌，一般包括大肠埃希氏菌、柠檬酸杆菌、产气克雷伯氏菌和阴沟肠杆菌等。

大肠菌群可在有胆盐（或具有其他抑制生长的表面活性剂）存在的情况下生长，通常可在36℃±2℃条件下发酵乳糖并产酸，在指示剂的作用下形成可计数的红色或紫色、带有或不带有沉淀环的菌落。月桂基硫酸钠可抑制非大肠菌群细菌的生长；煌绿和结晶紫抑制革兰氏阳性菌和大多数非沙门氏菌的革兰氏阴性杆菌；胆盐可抑制革兰氏阳性菌的生长，肠道微生物对胆盐有一定的抵抗力，胆盐遇酸生成沉淀；中性红为酸碱指示剂。

本实验参考《食品微生物学检验 大肠菌群计数》(GB 4789.3—2016)。

实验结束后,要对用过的耗材和平板培养基等进行无害化处理,防止污染。

三、实验材料

高压蒸汽灭菌锅、超净工作台、电子天平、恒温培养箱、冰箱、恒温水浴箱、天平、均质器、振荡器、紫外灯(波长366 nm)、无菌吸管(微量移液器及吸头)、三角瓶、容量瓶、无菌培养皿、pH计或精密pH试纸、放大镜或菌落计数器、试管、玻璃珠、酒精灯。

胰蛋白胨、NaCl、乳糖、K_2HPO_4、KH_2PO_4、月桂基硫酸钠、头孢磺啶液、蛋白胨、牛胆粉、煌绿、酵母膏、胆盐或3号胆盐、中性红、结晶紫、琼脂。

四、实验步骤

大肠菌群MPN计数法检验程序如图2-8-1所示,通过该图明确整个检验流程。

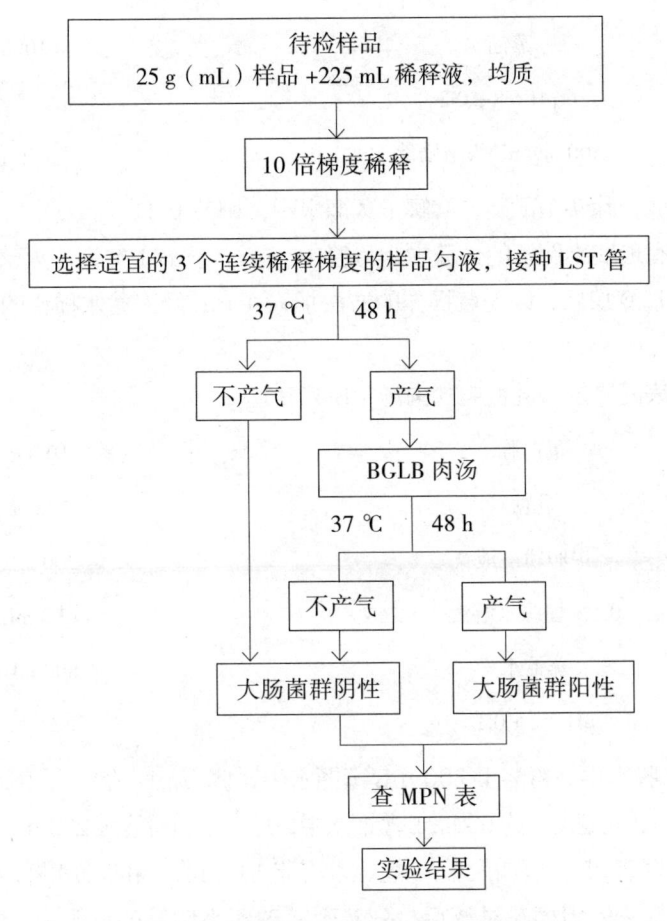

```
                    ┌─────────────────────────┐
                    │      待检样品            │
                    │ 25 g（mL）样品 +225 mL   │
                    │   稀释液，均质           │
                    └───────────┬─────────────┘
                                │
                    ┌───────────┴─────────────┐
                    │     10 倍梯度稀释        │
                    └───────────┬─────────────┘
                                │
        ┌───────────────────────┴──────────────────────┐
        │  选择适宜的 3 个连续稀释梯度的样品匀液，接种 LST 管 │
        └───────────────────────┬──────────────────────┘
                          37 ℃  48 h
                    ┌───────────┴─────────────┐
              ┌─────┴─────┐           ┌──────┴─────┐
              │  不产气    │           │   产气      │
              └───────────┘           └──────┬─────┘
                                             │
                                    ┌────────┴────────┐
                                    │    BGLB 肉汤    │
                                    └────────┬────────┘
                                       37 ℃  48 h
                                    ┌────────┴────────┐
                              ┌─────┴─────┐    ┌──────┴─────┐
                              │  不产气   │    │    产气     │
                              └─────┬─────┘    └──────┬─────┘
                                    │                 │
                              ┌─────┴─────┐    ┌──────┴─────┐
                              │大肠菌群阴性│    │大肠菌群阳性 │
                              └───────────┘    └──────┬─────┘
                                                      │
                                              ┌───────┴───────┐
                                              │   查 MPN 表    │
                                              └───────┬───────┘
                                                      │
                                              ┌───────┴───────┐
                                              │   实验结果     │
                                              └───────────────┘
```

图 2-8-1　大肠菌群 MPN 计数法检验程序

（一）大肠菌群 MPN 计数法

1. 培养基制备

（1）按下表配制月桂基硫酸盐胰蛋白胨（LST）肉汤。

胰蛋白胨	20.0 g
NaCl	5.0 g
乳糖	5.0 g
K_2HPO_4	2.75 g
KH_2PO_4	2.75 g
月桂基硫酸钠	0.1 g

蒸馏水	1000 mL
pH 6.8 ± 0.2	
500 mg/mL 头孢磺啶	1 mL

①将上述成分除头孢磺啶，溶解于蒸馏水中，调节 pH。

②分装到有玻璃小倒管的试管中，每管 10 mL，于 121 ℃高压灭菌 15 min。

③待培养基冷却后，以无菌操作的方法加入 1 mL 经无菌水稀释的 5 mg/mL 头孢磺啶液。

（2）按下表配制煌绿乳糖胆盐肉汤（BGLB）。

蛋白胨	10.0 g
乳糖	10.0 g
牛胆粉溶液	200 mL
0.1% 煌绿水溶液	13.3 mL
蒸馏水	800 mL
pH 7.2 ± 0.1	

①将 20 g 脱水牛胆粉溶于 200 mL 蒸馏水中，调节 pH 7.0～7.5。

②将蛋白胨、乳糖溶于约 500 mL 蒸馏水中，加入牛胆粉溶液 200 mL，用蒸馏水稀释到 975 mL，调节 pH，再加入 0.1% 煌绿水溶液 13.3 mL，用蒸馏水补足到 1000 mL。

③将培养基液体用棉花过滤后，分装到有玻璃小倒管的试管中，每管 10 mL，于 121 ℃高压灭菌 15 min。

（3）配制磷酸盐缓冲液和生理盐水，配制方法同实验六。

2. 样品的处理

（1）固体和半固体样品。称取 25 g 样品，放入盛有 225 mL 磷酸盐缓冲液或生理盐水的无菌均质杯内，以 8000～10000 r/min 均质 1～2 min，或放入盛有 225 mL 磷酸盐缓冲液或生理盐水的无菌均质袋中，用拍击式均质器拍打 1～2 min，制成 1∶10 的样品匀液。

（2）液体样品。以无菌吸管吸取 25 mL 样品置盛有 225 mL 磷酸盐缓冲液或生理盐水的无菌三角瓶（瓶内预置适当数量的无菌玻璃珠）中，充分混匀，制成 1∶10 的样品匀液。

注意：

样品匀液的 pH 值应在 6.5～7.5 之间，超出范围时可以用 1 mol/L NaOH 或 1 mol/L HCl 调节。

3. 梯度稀释

（1）用 1 mL 无菌吸管或微量移液器吸取 1∶10 的样品匀液 1 mL，沿管壁缓缓注入 9 mL 磷酸盐缓冲液或生理盐水的无菌试管中，振摇试管或换用 1 支 1 mL 无菌吸管反复吹打，使其混合均匀，制成 1∶100 的样品匀液。

（2）根据对样品污染状况的估计，按上述操作，依次制成 10 倍递增系列稀释样品匀液。每递增稀释 1 次，换用 1 支 1 mL 无菌吸管或吸头。

注意：

①为提高稀释的准确性，吸管或吸头尖端不要触及稀释液面。

②从制备样品匀液至样品接种完毕，全过程不得超过 15 min。

4. 初发酵试验

（1）每个样品选择 3 个适宜的连续稀释度的样品匀液（液体样品可以选择原液），每个稀释度接种 3 管月桂基硫酸盐胰蛋白胨肉汤（LST），每管接种 1 mL，于 36℃±1℃培养 24±2 h。

（2）观察倒管内是否有气泡产生。24±2 h 产气者进行复发酵试验，如未产气则继续培养至 48±2 h，产气者进行复发酵试验。未产气者为大肠菌群阴性。

5. 复发酵试验

（1）用接种环从产气的肉汤 LST 管中分别取培养物 1 环，接种于煌绿乳糖胆盐肉汤（BGLB）管中，于 36℃±1℃培养 48±2 h。

（2）观察产气情况，产气管为大肠菌群阳性管。

（二）大肠菌群平板计数法

大肠菌群平板计数法检验程序如图 2-8-2 所示。

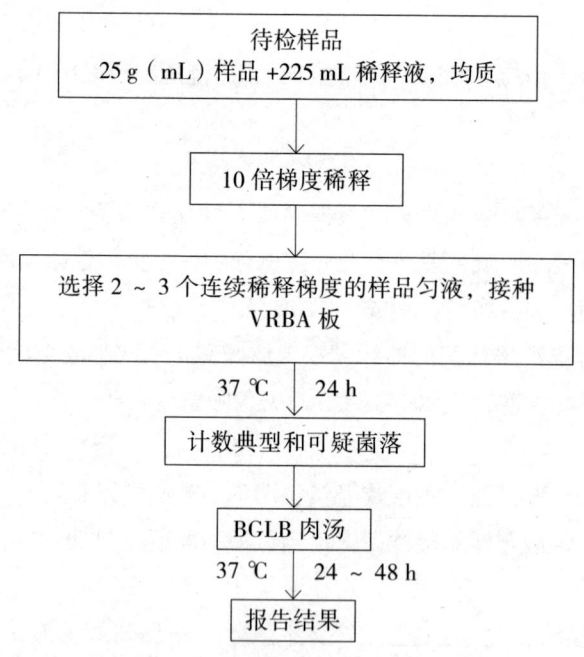

```
┌─────────────────────────┐
│      待检样品            │
│ 25 g（mL）样品 +225 mL   │
│    稀释液，均质          │
└─────────────────────────┘
            ↓
┌─────────────────────────┐
│     10 倍梯度稀释        │
└─────────────────────────┘
            ↓
┌─────────────────────────┐
│ 选择 2～3 个连续稀释梯度的│
│  样品匀液，接种 VRBA 板  │
└─────────────────────────┘
       37 ℃   24 h
            ↓
┌─────────────────────────┐
│     计数典型和可疑菌落    │
└─────────────────────────┘
            ↓
┌─────────────────────────┐
│       BGLB 肉汤          │
└─────────────────────────┘
      37 ℃   24～48 h
            ↓
┌─────────────────────────┐
│       报告结果           │
└─────────────────────────┘
```

图 2-8-2　大肠杆菌平板计数法检验程序

1. 培养基制备：结晶紫中性红胆盐琼脂（VRBA）

蛋白胨	7.0 g
酵母膏	3.0 g
乳糖	10.0 g
NaCl	5 g
胆盐或 3 号胆盐	1.5 g
中性红	0.03 g
结晶紫	0.002 g
琼脂	15～18 g
蒸馏水	1000 mL

pH 7.4 ± 0.1

（1）将上述成分溶于蒸馏水中，静置几分钟，充分搅拌，调节 pH。

（2）煮沸 2 min，将培养基冷却至 45℃～50℃倾注平板。使用前临时制备，不得超过 3 h。

其他试剂配制参见本实验（一）大肠菌群 MPN 计数法。

2. 样品的稀释

样品的稀释同大肠菌群 MPN 计数法。

3. 平板加样

（1）选取 2～3 个适宜连续稀释度，每个稀释度接种 2 个无菌培养皿，每个培养皿 1 mL。同时，取 1 mL 生理盐水加入无菌培养皿作空白对照。

（2）将 15～20 mL 冷至 46 ℃的结晶紫中性红胆盐琼脂（VRBA）倾注于每个培养皿中。小心旋转培养皿，将培养基与样液充分混匀，待琼脂凝固后，再加 3～4 mL VRBA 覆盖平板表层。

4. 培养

翻转平板，置于 36 ℃±1 ℃培养 18～24 h。

5. 鉴别计数

选取菌落数在 15～150 CFU 之间的平板，分别计数平板上出现的典型的和可疑的大肠菌群菌落。典型菌落为紫红色，菌落周围有红色的胆盐沉淀环，菌落直径为 0.5 mm 或更大。

6. 证实试验

从 VRBA 平板上挑取 10 个不同类型的典型菌落和可疑菌落，分别移种于 BGLB 肉汤管内，于 37 ℃培养 24～48 h，观察产气情况。凡 BGLB 肉汤管产气，即可报告为大肠菌群阳性。

五、实验结果与报告

（一）大肠菌群最可能数（MPN）的报告

按本实验（一）大肠菌群 MPN 计数法中确证的大肠菌群 LST 阳性管数，检索 MPN 表（见表 2-8-1），报告每 g（mL）样品中大肠菌群的 MPN 值。

表 2-8-1　大肠菌群最可能数（MPN）检索表

阳性管数			MPN	95% 可信限		阳性管数			MPN	95% 可信限	
0.10	0.01	0.001		下限	上限	0.10	0.01	0.001		下限	上限
0	0	0	<3.0	—	9.5	2	2	0	21	4.5	42
0	0	1	3.0	0.15	9.6	2	2	1	28	8.7	94
0	1	0	3.0	0.15	11	2	2	2	35	8.7	94

续 表

阳性管数			MPN	95% 可信限		阳性管数			MPN	95% 可信限	
0.10	0.01	0.001		下限	上限	0.10	0.01	0.001		下限	上限
0	1	1	6.1	1.2	18	2	3	0	29	8.7	94
0	2	0	6.2	1.2	18	2	3	1	36	8.7	94
0	3	0	9.4	3.6	38	3	0	0	23	4.6	94
1	0	0	3.6	0.17	18	3	0	1	38	8.7	110
1	0	1	7.2	1.3	18	3	0	2	64	17	180
1	0	2	11	3.6	38	3	1	0	43	9	180
1	1	0	7.4	1.3	20	3	1	1	75	17	200
1	1	1	11	3.6	38	3	1	2	120	37	420
1	2	0	11	3.6	42	3	1	3	160	40	420
1	2	1	15	4.5	42	3	2	0	93	18	420
1	3	0	16	4.5	42	3	2	1	150	37	420
2	0	0	9.2	1.4	38	3	2	2	210	40	430
2	0	1	14	3.6	42	3	2	3	290	90	1000
2	0	2	20	4.5	42	3	3	0	240	42	1000
2	1	0	15	3.7	42	3	3	1	460	90	2000
2	1	1	20	4.5	42	3	3	2	1100	180	4100
2	1	2	27	8.7	94	3	3	3	>1100	420	—

注 1.本表采用3个稀释度[0.1 g（mL）、0.01 g（mL）和0.001 g（mL）]，每个稀释度接种3管。

2.表内列检样量如改用1 g（mL）、0.1 g（mL）和0.01 g（mL）时，表内数字应相应降低10倍；如改用0.01 g（mL）、0.001 g（mL）和0.0001 g（mL）时，则表内数字应相应增高10倍，其余类推。

（二）大肠菌群平板计数的报告

经最后证实为大肠菌群阳性的试管比例乘以VRBA鉴别计数的平板菌落数，再乘以稀释倍数，即为每g（mL）样品中大肠菌群数。

例：10^{-4}样品稀释液1 mL，在VRBA平板上有100个典型菌落和可疑菌落，挑取其中10个接种BGLB肉汤管，证实有6个阳性管，则该样品的大肠菌群数为

$100×6/10×10^4$ g（mL）=$6.0×10^5$ CFU/g（mL）。

六、思考题

（1）什么是大肠菌群？这类细菌和食品卫生有什么关系？

（2）月桂基硫酸盐胰蛋白胨（LST）肉汤培养用于初发酵的目的是什么？煌绿乳糖胆盐肉汤（BGLB）管用于复发酵的目的是什么？

（3）结晶紫中性红胆盐琼脂（VRBA）属于什么培养基，各成分的作用是什么？为什么使用前制备，且不超过 3h？

实验九　大肠菌群的快速检测

一、实验目的

（1）解释 MUGal 在鉴定大肠菌群中的作用。

（2）解释茜素 -β-D- 半乳糖苷在鉴定大肠菌群中的作用。

（3）参照国标运用 MPN 计数法对大肠菌群进行计数。

（4）养成求真求实的食品检验工作作风。

二、实验原理

大肠菌群的快速检测使用到两种特异性酶底物，即 4- 甲基伞形酮 -β-D- 半乳糖苷（以下简称 MUGal）和茜素 -β-D- 半乳糖，配置鉴别性培养基，对大肠菌群进行快速检测。

（1）MPN（most probable number）法，即最大可能数法或最近似数法。它是将不同稀释度的待测样品接种至液体 MUGal 培养基中培养，然后根据大肠菌群可产生 β- 半乳糖苷酶，分解液体培养基中的酶底物 MUGal，使 4- 甲基伞形酮游离，4- 甲基伞形酮在波长 366 nm 的紫外光灯照射下呈现蓝色荧光，判断为阳性，经统计学处理而进行计数。

（2）平板法是配制含茜素 -β-D- 半乳糖的平板，快速检测大肠菌群的数量。大肠菌群可产生 β- 半乳糖苷酶，分解培养基中的酶底物茜素 -β-D- 半乳糖苷（简称 Aliz-gal），使茜素游离，并与固体培养基中的铝、钾、铁、铵离子结合形成紫色（或红色）的螯合物，使菌落呈现相应的颜色。

本实验参考《食品卫生微生物学检测 大肠菌群的快速检测》(GB 4789.32—2002)中规定的食品中大肠菌群计数的方法,适用于食品中大肠菌群的计数。

实验结束后,要对用过的耗材和平板培养基等进行无害化处理,防止污染。

三、实验材料

高压蒸汽灭菌锅、超净工作台、电子天平、恒温培养箱、冰箱、恒温水浴箱、天平、均质器、振荡器、紫外灯(波长 366 nm)、无菌吸管(微量移液器及吸头)、三角瓶、容量瓶、无菌培养皿、pH 计或精密 pH 试纸、放大镜或菌落计数器、试管、玻璃珠、酒精灯。

胰蛋白胨、KH_2PO_4、K_2HPO_4、NaCl、月桂基硫酸钠、MUGal(纯度≥99%)、头孢磺啶、茜素-β-D-半乳糖、异丙基硫代-半乳糖苷、硫酸铝钾、柠檬酸铁铵。

四、实验步骤

大肠菌群快速检测程序如图 2-9-1 所示,该检测程序包括 MPN 计数法和平板计数法。虽然 GB 4789.32—2002 标准已经由 GB 4789.3—2016《食品微生物学检验 大肠菌群计数》代替,但是课程中使用本实验,可以了解利用 β-半乳糖苷酶检验大肠菌群方法的多样性。

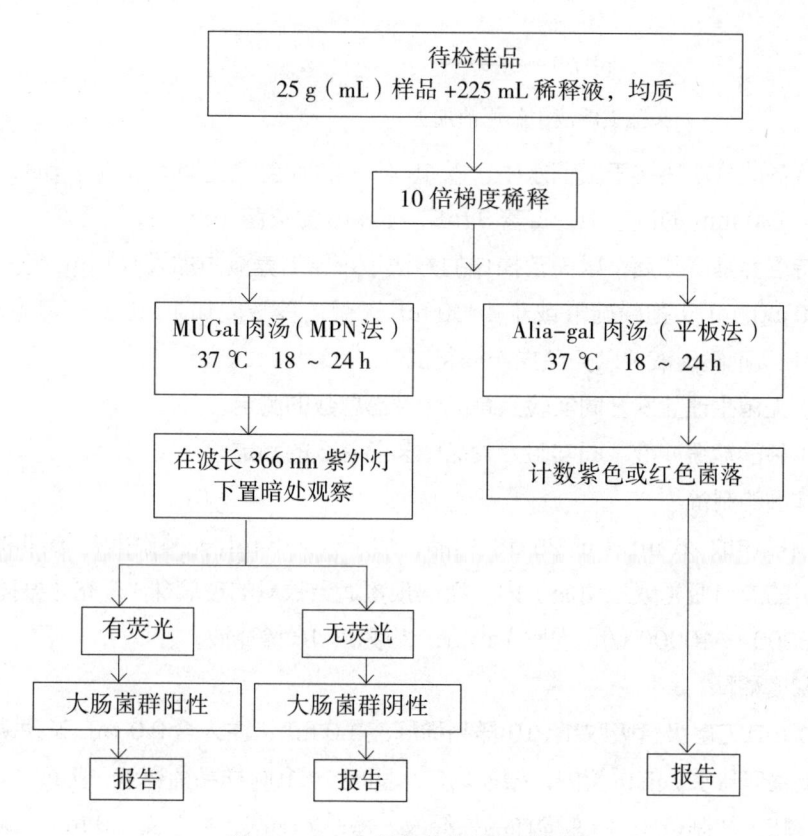

```
                    ┌─────────────────────────────┐
                    │         待检样品              │
                    │ 25 g(mL)样品+225 mL稀释液,均质 │
                    └─────────────┬───────────────┘
                                  │
                          ┌───────┴────────┐
                          │  10倍梯度稀释    │
                          └───────┬────────┘
                    ┌─────────────┴──────────────┐
          ┌─────────┴──────────┐      ┌──────────┴─────────┐
          │ MUGal肉汤(MPN法)   │      │ Alia-gal肉汤(平板法)│
          │ 37 ℃  18～24 h      │      │ 37 ℃  18～24 h      │
          └─────────┬──────────┘      └──────────┬─────────┘
          ┌─────────┴──────────┐      ┌──────────┴─────────┐
          │ 在波长366 nm紫外灯  │      │  计数紫色或红色菌落  │
          │   下置暗处观察      │      └──────────┬─────────┘
          └─────────┬──────────┘                 │
          ┌─────────┴────────┐                   │
      ┌───┴───┐         ┌────┴───┐               │
      │ 有荧光 │         │ 无荧光 │               │
      └───┬───┘         └────┬───┘               │
  ┌───────┴──────┐   ┌───────┴──────┐            │
  │ 大肠菌群阳性  │   │ 大肠菌群阴性  │           │
  └───────┬──────┘   └───────┬──────┘            │
      ┌───┴───┐          ┌───┴───┐          ┌────┴───┐
      │ 报告  │          │ 报告  │          │  报告  │
      └───────┘          └───────┘          └────────┘
```

图 2-9-1　大肠杆菌快速检测程序

(一) 大肠菌群的 MPN 计数

1. 配制培养基

(1) 按下表配制 MUGal 肉汤。

胰蛋白胨	20.0 g
NaCl	5.0 g
K_2HPO_4	2.75 g
KH_2PO_4	2.75 g
月桂基硫酸钠	0.1 g
MUGal	0.08 g
蒸馏水	1000 mL

pH7.0～7.2

头孢磺啶液（临用前加）

①将各成分加热溶于蒸馏水中，以15%～20%氢氧化钠溶液调整pH，分装于20 mm×150 mm的试管中，每管9 mL，于116 ℃灭菌10 min。

②待培养基冷却后，以无菌操作的方法于每管培养液内加入0.1 mL经无菌水稀释的500 μg/mL头孢磺啶液或于1000 mL灭菌培养液内加1 mL经无菌水稀释的5 mg/mL头孢磺啶液并以无菌操作分装试管。

（2）无菌生理盐水。同实验六食品中菌落总数的测定。

（3）磷酸盐缓冲液。同实验六食品中菌落总数的测定。

2. 样品的制备

无菌操作取25 mL（或25 g）样品，加于含225 mL无菌磷酸盐缓冲液（或生理盐水）的广口瓶（或三角瓶）内（瓶内预置适当数量的玻璃珠），充分振摇或用均质器以8000～10000 r/m均质1 min，制成1∶10稀释液。

3. 梯度稀释

用1 mL无菌吸管吸取1∶10样品稀释液1.0 mL，注入含9.0 mL无菌磷酸盐缓冲液（或生理盐水）的试管内，振摇均匀，即成1∶100样品稀释液。另取1.0 mL无菌吸管，按上法制备10倍递增样品稀释液。每递增一次，换一支1.0 mL无菌吸管。

4. 接种培养基

根据实际情况，每个样品接种三个连续稀释度，每个稀释度接种3管MUGal肉汤管。同时，另取2支MUGal肉汤管，加入与样品稀释液等量的上述无菌磷酸盐缓冲液（或生理盐水）作空白对照。接种量在1.0 mL以上的接种2倍浓度MUGal肉汤管。

5. 培养

将接种后的培养管置于37℃±1℃培养箱培养18～24h。

6. 紫外光照射观察

将培养管置于暗处，用波长366 nm的紫外光灯照射，如显蓝色荧光，为大肠菌群阳性管；如未显蓝色荧光，则为大肠菌群阴性管。

（二）大肠菌群的菌落计数

1. 配制培养基：Aliz-gal 琼脂

胰蛋白胨	20.0 g
NaCl	5.0 g
K_2HPO_4	2.75 g
KH_2PO_4	2.75 g
月桂基硫酸钠	0.1 g
Aliz-gal	0.05 g
异丙基硫代半乳糖苷	0.03 g
硫酸铝钾	0.5 g
柠檬酸铁铵	0.5 g
琼脂	15.0 g
蒸馏水	1000 mL

pH 7.0～7.2

将各成分加热使溶化，以15%～20%的NaOH调整pH，分装于三角瓶中，于116℃蒸汽灭菌10 min。

2. 样品的制备

同实验步骤（一）大肠菌群的MPN计数法。

3. 梯度稀释

同实验步骤（一）大肠菌群的MPN计数法。

4. 接种培养基

（1）用灭菌吸管吸取待检样液1.0 mL，加入无菌培养皿内。每个样品接种3个连续稀释度，每个稀释度接种两个培养皿，于每个加样培养皿内倾注15 mL 45℃～50℃的Aliz-gal琼脂，迅速轻轻转动培养皿，使混合均匀。待琼脂凝固后，再倾注3～5 mL Aliz-gal琼脂覆盖表面。

（2）将Aliz-gal琼脂倾入加有1 mL上述无菌磷酸盐缓冲液（或生理盐水）的无菌培养皿内作空白对照。

5. 培养

待琼脂凝固后，翻转平板，置于37℃±1℃培养箱培养18～24 h。

6. 显色观察

取出平板，计数紫色（或红色）菌落。

五、实验结果与报告

（一）大肠菌群的 MPN 计数结果报告

根据大肠菌群阳性管数，查 MPN 表（见表 2-9-1），报告每 100 mL（g）食品中大肠菌群 MPN 值。

大肠菌群最可能数（MPN）检索表

阳性管数			MPN 100mL（g）	95% 可信限	
1mL（g）×3	0.1mL（g）×3	0.01mL（g）×3		下限	上限
0	0	0	<30	<5	90
0	0	1	30		
0	0	2	60		
0	0	3	90		
0	1	0	30	<5	130
0	1	1	60		
0	1	2	90		
0	1	3	120		
0	2	0	60	—	—
0	2	1	90		
0	2	2	120		
0	2	3	160		
0	3	0	90	—	—
0	3	1	130		
0	3	2	160		
0	3	3	190		
1	0	0	40	<5	200
1	0	1	70	10	210
1	0	2	110		
1	0	3	150		

续　表

阳性管数			MPN	95% 可信限	
1mL（g）×3	0.1mL（g）×3	0.01mL（g）×3	100mL（g）	下限	上限
1	1	0	70	10	230
1	1	1	110		
1	1	2	150	30	360
1	1	3	190		
1	2	0	110		
1	2	1	150	30	360
1	2	2	200		
1	2	3	240		
1	3	0	160		
1	3	1	200	—	—
1	3	2	240		
1	3	3	290		
2	0	0	90	10	360
2	0	1	140		
2	0	2	200	30	370
2	0	3	260		
2	1	0	150	30	440
2	1	1	200		
2	1	2	270	70	890
2	1	3	340		
2	2	0	210	40	470
2	2	1	280		
2	2	2	350	100	1500
2	2	3	420		
2	3	0	290		
2	3	1	360	—	—
2	3	2	440		
2	3	3	530		
3	0	0	230	40	1 200
3	0	1	390	70	1 300
3	0	2	640	150	3 800
3	0	3	950		

续　表

阳性管数			MPN	95% 可信限	
1mL（g）×3	0.1mL（g）×3	0.01mL（g）×3	100mL（g）	下限	上限
3	1	0	430	70	2100
3	1	1	750	140	2300
3	1	2	1200	300	3800
3	1	3	1600		
3	2	0	930	150	3800
3	2	1	1500	300	4400
3	2	2	2100	350	4700
3	2	3	2900		
3	3	0	2400	360	13000
3	3	1	4600	710	24000
3	3	2	11000	1500	48000
3	3	3	≥ 24000		

注 1.本表采用 3 个稀释度[1 mL（g）、0.1 mL（g）和 0.01 mL（g）]，每稀释度 3 管。

2.表内所列检样量如改用 10 m L（g）、1 mL（g）和 0.1 mL（g）时，表内数字相应降低 10 倍；如改用 0.1 mL（g）、0.01 m L（g）和 0.001 m L（g）时，则表内数字应相应增加 10 倍。其余可类推。

（二）大肠菌群的菌落计数结果报告

当平板上的紫色（或红色）菌落数不高于 150 个，且其中至少有一个平板紫色（或红色）菌落不少于 15 个时，按公式（2-9-1）计算大肠菌群数：

$$N = \frac{\sum C}{(n_1 + 0.1n_2)d} \quad (2\text{-}9\text{-}1)$$

式中：

N——样品的大肠菌群数，个 /mL 或个 /g；

$\sum C$——所有计数平板上，紫色（或红色）菌落数之总和；

n_1——供计数的低稀释倍数的平板个数；

n_2——供计数的高稀释倍数的平板个数；

d——供计数的样品最低稀释度（如 10^{-1} ～ 10^{-3} 等）。

注意：

（1）如接种所有3个稀释样品的平板上紫色（或红色）菌落数均少于15个时，仍按式（2-9-1）计算，但应在所得结果旁加"*"号，表示为估计值。

（2）如接种样品原液和所有稀释样品的平板上紫色（或红色）菌落数均少于15个时，报告结果为每毫升（克）样品少于15个大肠菌群。

（3）如接种样品原液和所有稀释样品的平板上均未发现紫色（或红色）菌落数时，报告结果为每毫升（克）样品少于1个大肠菌群。

（4）如平板上的紫色（或红色）菌落数高于150个时，按式（2-9-1）计算，在结果旁加"*"号表示估计值或视情况重新选择较高的稀释倍数进行测定。

六、思考题

（1）MUGal肉汤为什么要在116℃下灭菌10 min？你认为还可以采取什么方式灭菌，为什么？

（2）制备10倍递增样品稀释液时，为什么每递增一次，换一支1.0 mL无菌吸管？

（3）为什么选择45℃～50℃的Aliz-gal琼脂向培养皿内倾注？

实验十　大肠埃希氏菌 O157: H7/NM 检验

一、实验目的

（1）区别正常菌群大肠埃希氏菌和O157: H7。

（2）解释MUG在鉴定大肠杆菌中的作用。

（3）参照《食品安全国家标准　食品微生物学检验　大肠埃希氏菌O157: H7/NM检验》（GB 4789.36—2008）。

（4）养成求真求实的食品检验工作作风。

二、实验原理

大肠埃希氏菌俗称大肠杆菌，属于肠杆菌科的埃希氏菌属，是人类、温血动物和鸟类肠道中的正常寄居菌，属肠道正常菌群的一部分，并具有重要的生理功能。但是，有些菌株可以引起人体腹泻等疾病。例如，肠出血性大肠杆菌（EHEC）是能引起人的出血性腹泻和肠炎的一群大肠埃希氏菌，以 O157：H7 血清型为代表菌株。

大肠菌群可产生 β- 半乳糖苷酶，分解液体培养基中的酶底物——4- 甲基伞形酮 -β-D- 半乳糖苷（以下简称 MUGal），使 4- 甲基伞形酮游离，因而在波长 366 nm 的紫外光灯照射下呈现蓝色荧光。大肠埃希氏菌 O157：H7/NM 不产生 MUGal，在波长 366 nm 的紫外光灯照射下不呈现荧光。月桂基磺酸盐胰蛋白胨肉汤 -MUG（LST-MUG）中，利用这一现象鉴别出大肠埃希氏菌 O157：H7/NM。

改良山梨醇麦康凯（CT-SMAC）琼脂中，亚碲酸钾可以抑制大部分 G^+ 细菌，但链球菌和其他 G^+ 细菌仍可生长。

三糖铁琼脂中，酚红是酸碱指示剂；硫酸亚铁在碱性条件下，硫化氢与铁离子反应产生硫化碳黑色沉淀；硫代硫酸钠被还原后产生硫化氢。

本实验参考《食品安全国家标准 食品微生物学检验 大肠埃希氏菌 O157：H7/NM 检验》（GBT4789.36-2008）。

实验结束后，要对用过的耗材和平板培养基等进行无害化处理，防止污染。

三、实验材料

天平、均质器、冰箱、恒温培养箱、恒温水浴箱、生物显微镜、细菌浓度比浊管：MacFarland0、5 号或浊度计、三角瓶、无菌培养皿、无菌试管、无菌吸管或微量移液器及吸头、pH 计或 pH 比色管或精密 pH 试纸、长波紫外光灯（366nm，功率≤ 6W）、全自动微生物鉴定系统（VITEK）。

新生霉素钠盐溶液（20mg/mL）、N,N- 二甲基对苯二胺盐酸盐或 N,N,N,N- 四甲基对苯二胺盐酸盐、胰蛋白胨、3 号胆盐、乳糖、K_2HPO_4、KH_2PO_4、NaCl、KCl、蛋白胨、山梨醇、中性红、结晶紫、K_2TeO_3、头孢克肟、牛肉膏、蔗糖、葡萄糖、$Fe(NH_4)_2$、$Na_2S_2O_3$、酚红、KH_2PO_4、月桂基硫酸钠、4- 甲基伞形酮 -β-D- 葡萄糖醛酸苷（MUG）、CHROMagar O157 弧菌显色琼脂、Na_2HPO_4、Tween 20、蛋白酶。

四、实验步骤

常规培养法检验程序如图 2-10-1 所示。

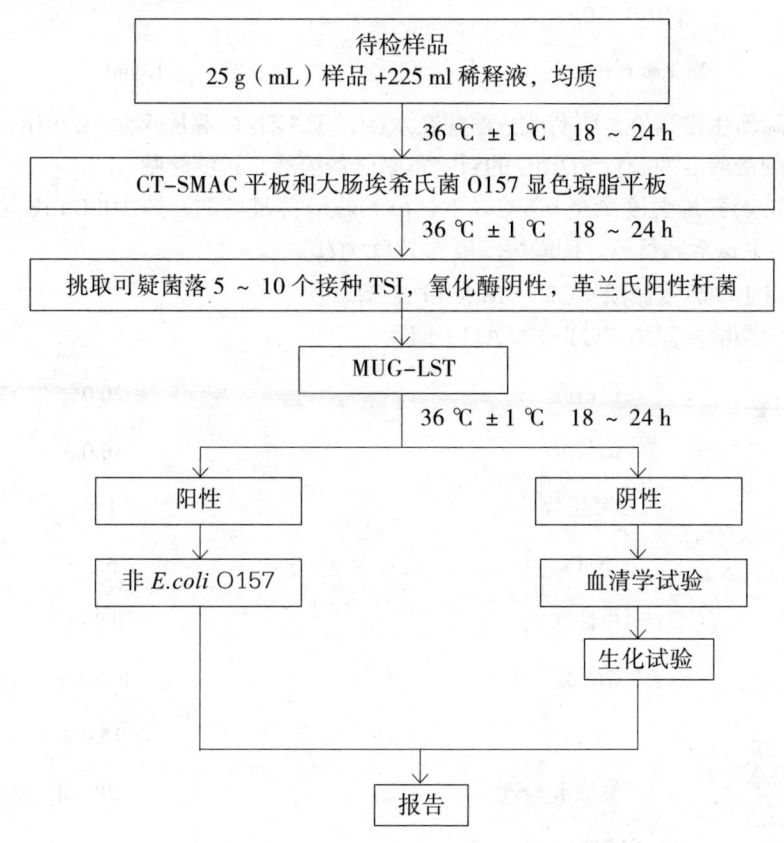

```
        ┌─────────────────────────────┐
        │         待检样品              │
        │ 25 g（mL）样品 +225 ml 稀释液，均质 │
        └─────────────────────────────┘
                    │ 36 ℃ ±1 ℃  18 ~ 24 h
                    ▼
        ┌─────────────────────────────┐
        │ CT-SMAC 平板和大肠埃希氏菌 O157 显色琼脂平板 │
        └─────────────────────────────┘
                    │ 36 ℃ ±1 ℃  18 ~ 24 h
                    ▼
        ┌─────────────────────────────────────┐
        │ 挑取可疑菌落 5 ~ 10 个接种 TSI，氧化酶阴性，革兰氏阳性杆菌 │
        └─────────────────────────────────────┘
                    │
                    ▼
              ┌──────────┐
              │ MUG-LST  │
              └──────────┘
                    │ 36 ℃ ±1 ℃  18 ~ 24 h
          ┌─────────┴─────────┐
          ▼                   ▼
       ┌──────┐            ┌──────┐
       │ 阳性 │            │ 阴性 │
       └──────┘            └──────┘
          │                   │
          ▼                   ▼
     ┌──────────┐       ┌──────────┐
     │非 E.coli O157│    │ 血清学试验 │
     └──────────┘       └──────────┘
                            │
                            ▼
                       ┌──────────┐
                       │ 生化试验 │
                       └──────────┘
                            │
                            ▼
                       ┌──────┐
                       │ 报告 │
                       └──────┘
```

图 2-10-1　大肠埃希氏菌 O157: H7/NM 常规培养法检验程序

（一）配制培养基和试剂

1. 改良 EC 肉汤（mEC+n）

胰蛋白胨	20.0 g
3 号胆盐	1.12 g
乳糖	5.0 g
$K_2HPO_4 \cdot 7H_2O$	4.0 g
KH_2PO_4	1.5 g

NaCl	5.0 g
蒸馏水	1000 mL
pH6.9 ± 0.1	
新生霉素钠溶液	1.0 mL

（1）除新生霉素外，所有成分溶解在水中，于 121 ℃ 高压灭菌 15 min，备用。

（2）制备浓度为 20 mg/mL 的新生霉素储备溶液，过滤除菌。

（3）待培养基温度冷至 50 ℃以下，欲倾注培养基前时，按 1000 mL 培养基内加 1 mL 新生霉素储备液，使最终浓度为 20 mg/L。

2.改良山梨醇麦康凯（CT-SMAC）琼脂

（1）山梨醇麦康凯（CT-SMAC）琼脂：

蛋白胨	20.0 g
山梨醇	10.0 g
3 号胆盐	1.5 g
NaCl	5.0 g
中性红	0.03 g
结晶紫	0.001 g
琼脂	15.0 g
蒸馏水	1000 mL
pH 7.2 ± 0.2	

所有成分溶解在蒸馏水中，加热煮沸，在 20 ℃～ 25 ℃ 下调整 pH，分装，于 121 ℃高压灭菌 15 min。

（2）亚碲酸钾溶液：

亚碲酸钾（AR 级）	0.5 g
蒸馏水	200.0 mL

将亚碲酸钾溶于水，过滤法除菌。

（3）头孢克肟溶液：

头孢克肟	1.0 mg

| 96% 乙醇 | 200.0 mL |

将头孢克肟溶解于酒精中，静置 1 h 待其充分溶解后过滤除菌。分装试管，储存于 -20 ℃，有效期一年。解冻后的头孢克肟溶液不应再冻存，且在 2 ℃～8 ℃下有效期 14 d。

（4）CT-SMAC 制法：

取 1000 mL 灭菌融化并冷却至 45℃±1℃的山梨醇麦康凯（SMAC）琼脂，加入 1 mL 亚碲酸钾溶液和 10 mL 头孢克肟溶液，使亚碲酸钾浓度达到 2.5 mg/L，头孢克肟浓度达到 0.05 mg/L，混匀后倾注平板。

3. 三糖铁（TSI）琼脂

蛋白胨	20.0 g
牛肉膏	5.0 g
乳糖	10.0 g
蔗糖	10.0 g
葡萄糖	1.0 g
NaCl	5.0 g
$Fe(NH_4)_2 \cdot 6H_2O$	0.2 g
硫代硫酸钠	0.2 g
酚红	0.025 g
琼脂	12.0 g
蒸馏水	1000 mL

pH 7.4±0.2

（1）将除琼脂和酚红以外的各种成分溶解于蒸馏水中，在 20 ℃～25 ℃下调整 pH 至 7.4±0.2。加入琼脂，加热煮沸以溶化琼脂。

（2）加入 0.2% 酚红水溶液 12.5 mL，摇匀。分装试管，装量宜多些，以便得到较高的底层。

（3）121℃高压灭菌 15 min，放置高层斜面备用。

4. 月桂基磺酸盐胰蛋白胨肉汤-MUG（LST-MUG）

| 胰蛋白胨 | 20.0 g |

NaCl	5.0 g
乳糖	5.0 g
K_2HPO_4	2.75 g
KH_2PO_4	2.75 g
月桂基硫酸钠	0.1 g
MUG	0.1 g
蒸馏水	1000 mL

pH 6.8 ± 0.2

将各成分溶解于蒸馏水中,加热煮沸至完全溶解,于20℃~25℃下调整至pH 6.8±0.2,分装到有倒立发酵管的试管中,每管10 mL,于121℃高压灭菌15 min。

5. 氧化酶试剂

N,N'-二甲基对苯二胺盐酸盐	1.0 g
蒸馏水	100 mL

少量新鲜配制,于冰箱内避光保存,在7d内使用。

用细玻璃棒或一次性接种针挑取单个菌落,涂布在滤纸上,在添加氧化酶试剂10s内呈现粉红色或紫红色,即为氧化酶试验阳性。不变色者为氧化酶试验阴性。

6. 革兰氏染色液

见基础实验,实验十一 革兰氏染色。

7. 半固体琼脂

蛋白胨	1.0 g
牛肉膏	0.3 g
NaCl	0.5 g
琼脂	0.3 ~ 0.4 g
蒸馏水	100.0 mL

pH 7.4 ± 0.2

将各成分溶解于蒸馏水中,加热煮沸至完全溶解,于20℃~25℃下调整pH至7.4±0.2,分装小试管,于121℃高压灭菌15 min,直立凝固备用。

8. 改良CHROMagar O157弧菌显色琼脂（按照厂家说明配制）

蛋白胨、酵母提取物和盐分	13.0 g
色素混合物	1.2 g
选择性添加剂	0.0005 g
琼脂	15.0 g
蒸馏水	1000.0 g

pH7.4 ± 0.2

除选择性添加剂外，将各成分溶解于蒸馏水中，加热煮沸100 ℃至完全溶解。冷却至47℃～50℃时，加入选择性添加剂，混匀后倾注平板。

9. 改良麦康凯（CT-MAC）肉汤

（1）按下表配制麦康凯（MAC）肉汤。

蛋白胨	20.0 g
乳糖	10.0 g
3号胆盐	1.5 g
NaCl	5 g
中性红	0.03 g
结晶紫	0.001 g
蒸馏水	1000.0 mL

pH7.2 ± 0.2

制法：所有成分溶解在蒸馏水中，加热煮沸，在20℃～25℃下调整pH至7.2±0.2，分装，于121 ℃高压灭菌15 min。

（2）亚碲酸钾溶液。同上，改良山梨醇麦康凯（CT-SMAC）琼脂。

（3）头孢克肟溶液。同上，改良山梨醇麦康凯（CT-SMAC）琼脂。

（4）CT-SMAC制法。取1000 mL灭菌融化并冷却至45℃±1℃的麦康凯（MAC）琼脂，加入1 mL亚碲酸钾溶液和10 mL头孢克肟溶液，使亚碲酸钾浓度达到2.5 mg/L，头孢克肟浓度达到0.05 mg/L，混匀后倾注平板。

10.PBS-TWeen20 洗液

NaCl	8.0 g
KCl	0.2 g
Na_2HPO_4	1.15 g
KH_2PO_4	0.2 g
Tween 20	0.5 g
蒸馏水	1000.0 mL

pH7.3 ± 0.2

将上述成分溶解于水中，于 20℃～25℃下调整 pH 至 7.3±0.2，分装三角瓶，于 121℃高压灭菌 15 min，备用。

11. 溶菌试剂

蛋白酶	150.0 μL
裂解缓冲液	12.0 mL

将 150.0 μL 蛋白酶加入 12.0 mL 的裂解缓冲液中。将准备日期标记在瓶上，在 2℃～8℃条件下储存，于两周内使用。

（二）样品处理

样品采集后应尽快检验。若不能及时检验，可在 2℃～4℃保存 18 h。以下两种方法根据实际需要选择一种即可。

（1）以无菌操作取检样 25 g（mL）加入到含有 225 mL mEC+n 肉汤的均质袋中，在拍击式均质器上连续均质 1～2 min。

（2）取检样 25 g（mL）放入盛有 225 mL mEC+n 肉汤的均质杯中，以 8000～10000 r/min 均质 1～2 min。

（三）增菌

处理好的样品于 36℃±1℃培养 18～24h，同时做阳性及阴性对照。

（四）分离

取增菌后的 mEC+n 肉汤，划线接种于 CT-SMAC 平板和大肠埃希氏菌 O157 显色琼脂平板（例如，改良 CHROMagar O157 弧菌显色琼脂平板）上，于 36℃±1℃培养 18～24 h，观察菌落形态。必要时将混合菌落分纯。

（五）菌落观察分析

（1）在 CT-SMAC 平板上，典型菌落为不发酵山梨醇的圆形、光滑、较小的无色菌落，中心呈现较暗的灰褐色。

（2）在大肠埃希氏菌 O157 显色琼脂平板上的菌落特征按产品说明书进行判定。

（六）初步生化试验

（1）在 CT-SMAC 和大肠埃希氏菌 O157 显色琼脂平板上挑取 5～10 个典型菌落或可疑菌落，分别接种 TSI 琼脂，同时接种 MUG-LST 肉汤，并用大肠埃希氏菌株（ATCC25922 或等效标准菌株）作阳性对照，和大肠埃希氏菌 O157:H7（NCTC12900 或等效标准菌株）作阴性对照，于 36℃±1℃ 培养 18～24h，必要时进行氧化酶试验和革兰氏染色。

（2）在 TSI 琼脂中，典型菌株为斜面与底层均呈阳性反应呈黄色，产气或不产气，不产生硫化氢（H_2S）。

（3）置 MUG-LST 肉汤管于长波紫外灯下观察，无荧光产生者为阳性结果，有荧光产生者为阴性结果；对分解乳糖且无荧光的阳性菌株，在营养琼脂平板上分纯，于 36℃±1℃ 培养 18～24h，并进行下列鉴定。

（七）鉴定

1. 血清学试验

在营养琼脂平板上挑取分纯的菌落，用 O157:H7 标准血清或 O157 乳胶凝集试剂作玻片凝集试验。对于 H7 因子血清不凝集者，应穿刺接种半固体琼脂，检查动力，经连续传代 3 次，动力试验阴性，H7 因子血清凝集阴性者，确定为无动力株。

2. 生化试验

自营养琼脂平板上挑取菌落，进行生化试验。大肠埃希氏菌 O157:H7/NM 生化反应特征见表 2-10-1。

表 2-10-1 大肠埃希氏菌 O157:H7/NM 生化反应

生化试验	特征反应
三铁糖琼脂	底层及斜面呈黄色，硫化氢（H_2S）阴性
山梨醇	阴性或迟缓发酵
靛基质	阳性
MR-VP	MR 阳性，VP 阴性

续 表

生化试验	特征反应
氧化酶	阴性
西蒙氏柠檬酸盐	阴性
赖氨酸脱羧酶	阳性（紫色）
鸟氨酸脱羧酶	阳性（紫色）
纤维二糖发酵	阴性
棉子糖发酵	阳性
MUG 试验	阴性
动力试验	有动力或无动力

如选择生化鉴定试剂盒或微生物鉴定系统，应从营养琼脂平板上挑取菌落，用稀释液制备成浊度适当的菌悬液，使用生化鉴定试剂盒或微生物鉴定系统进行鉴定。

五、实验结果与报告

（1）列出各个生化试验和血清学试验的试验结果。

（2）综合检验结果情况报告 25g（mL）样品中检出或未检出大肠埃希氏菌 O157:H7/NM。

六、思考题

（1）MUG 在鉴定大肠杆菌中有什么重要作用？

（2）鉴定实验中阳性及阴性对照在检验中有什么重要作用？

（3）鉴定大肠埃希氏菌 O157:H7/NM 为什么要进行增菌实验。

第二部分　综合检验实验

实验十一　食品中金黄色葡萄球菌的检测

一、实验目的

（1）简述金黄色葡萄球菌检测的意义。
（2）说出 Baird-Parker 培养基各成分的作用。
（3）参照 GB 4789.10-2016 食品微生物学检验 金黄色葡萄球菌检验 检测食品中金黄色葡萄球菌。
（4）领悟求真求实在食品检验工作中的重要作用。

二、实验原理

金黄色葡萄球菌（Staphylococcus aureus）是引起化脓性感染的常见致病菌。该菌无处不在，广泛分布于水、空气、灰尘、污物、食品加工设备表面，以及 50%～60% 健康人的鼻腔、口腔、咽喉、皮肤等处。金黄色葡萄球菌为 G^+，球状，细胞呈葡萄状排列，无芽胞，不运动，0℃～47℃都可以生长，最适生长温度为 37℃，耐冷、耐热、耐盐。蛋白质丰富的食品，如肉、奶制品可出现该菌。当食品卫生条件较差或保存不当时，也会出现该菌。该菌的生长和分解作用不产生异味，靠感观无法检测。金黄色葡萄球菌产生的肠毒素对热比较稳定，普通的烹饪处理不能完全破坏这些毒素。金黄色葡萄球菌引起的食物中毒是发生最频繁的食源性疾病之一。

Baird-Parker（琼脂平板）培养基用于凝固酶阳性葡萄球菌的选择性分离培养和计数。Baird-Parker（琼脂平板）培养基中丙酮酸钠和甘氨酸刺激葡萄球菌生长，氯化锂和亚碲酸钾抑制非葡萄球菌微生物的生长。葡萄球菌含有卵磷脂酶能降解 Baird-Parker 琼脂平板中的卵黄，使菌落产生透明圈，而脂酶作用则产生不透明的沉淀环，凝固酶阳性的葡萄球菌（金黄色葡萄球菌）还能还原亚碲酸钾而产生黑色菌落。

本实验方法参考 GB 4789.10-2016《食品安全国家标准 食品微生物学检验 金黄色葡萄球菌检验》。

实验结束后，要对用过的耗材和平板培养基等进行无害化处理，防止污染。

三、实验材料

恒温培养箱、冰箱、恒温水浴箱、天平、均质器、振荡器、无菌吸管或微量移液器、无菌三角瓶、90 mm 无菌培养皿、注射器、pH 计或精密 pH 试纸、全自动微生物生化鉴定系统（BD Crystal 或 Phoenix）、比浊仪（BD Phoenix 比浊仪，货号440910）、比浊仪定标盒（BD Phoenix 定标盒，货号440911）。

胰蛋白胨、大豆蛋白胨、NaCl、K_2HPO_4、丙酮酸钠、葡萄糖、蛋白胨、牛肉膏、豆粉琼脂（pH7.4～7.6）、脱纤维羊血（或兔血）、甘氨酸、$LiCl·6H_2O$、亚碲酸钾、卵黄盐水、柠檬酸钠、磷酸缓冲液、革兰氏染色液。

新鲜散奶、市售熟肉制品。

四、实验步骤

（一）金黄色葡萄球菌的定性检验

实验前需先熟悉金黄色葡萄球菌的检验程序，增加对实验过程的理解。金黄色葡萄球菌检验流程如图 2-11-1 所示。

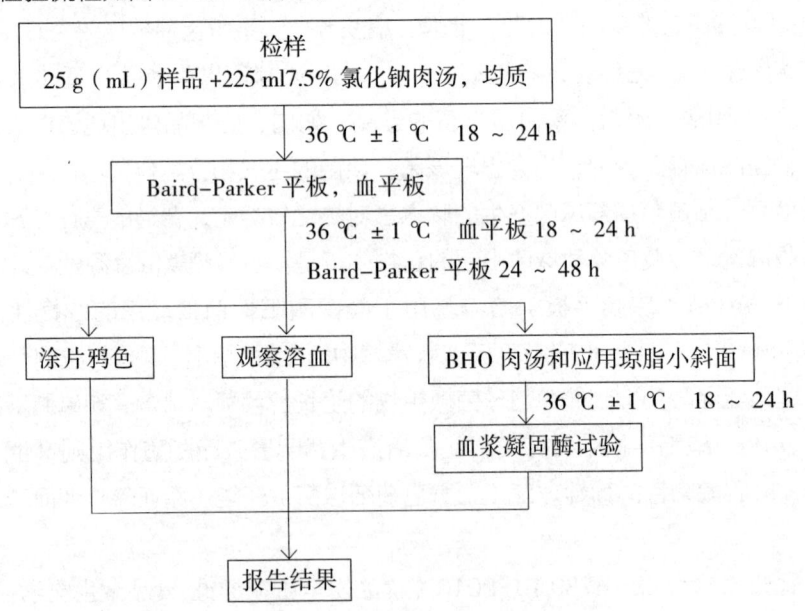

```
                    检样
    25 g（mL）样品 +225 ml 7.5% 氯化钠肉汤，均质
                      │
                36 ℃ ±1 ℃  18～24 h
                      ↓
            Baird-Parker 平板，血平板
                      │
              36 ℃ ±1 ℃  血平板 18～24 h
              Baird-Parker 平板 24～48 h
          ┌───────────┼───────────┐
          ↓           ↓           ↓
       涂片镜色     观察溶血    BHO 肉汤和应用琼脂小斜面
                                  │
                            36 ℃ ±1 ℃  18～24 h
                                  ↓
                            血浆凝固酶试验
                                  ↓
                              报告结果
```

图 2-11-1　金黄色葡萄球菌检验流程

1. 配制培养基

（1）10%NaCl 胰酪胨大豆肉汤：

胰蛋白胨	17.0 g
大豆蛋白胨	3.0 g
NaCl	100.0 g
K_2HPO_4	2.5 g
丙酮酸钠	10.0 g
葡萄糖	2.5 g
蒸馏水	1000 mL

pH 7.3 ± 0.2

将上述成分混合，加热，轻轻搅拌并溶解，调节 pH，分装，每瓶 225 mL，于 121 ℃高压灭菌 15 min。

（2）0.5%NaCl 肉汤：

蛋白胨	10.0 g
牛肉膏	5.0 g
NaCl	75 g
蒸馏水	1000 mL

pH 7.4

将上述成分加热溶解，调节 pH，分装，每瓶 225 mL，于 121 ℃高压灭菌 15 min。

（3）血琼脂平板：

豆粉琼脂	100 mL
脱纤维羊血	5～10 mL
NaCl	100.0 g
K_2HPO_4	2.5 g
丙酮酸钠	10.0 g
葡萄糖	2.5 g

蒸馏水	1000 mL
pH 7.3 ± 0.2	

加热溶化琼脂，冷却至 50 ℃，无菌操作加入脱纤维羊血，摇匀，倾注平板。

（4）Baird – Parker 琼脂平板：

胰蛋白胨	10.0 g
牛肉膏	5.0 g
酵母膏	1.0 g
丙酮酸钠	10.0 g
甘氨酸	12.0 g
$LiCl \cdot 6H_2O$	5.0 g
琼脂	20.0 g
蒸馏水	1000 mL
pH 7.4	

亚碲酸钾溶液

卵黄盐水

①将各成分加到蒸馏水中，加热煮沸至完全溶解，调节 pH，分装，每瓶 95 mL，于 121 ℃高压灭菌 15 min。

②30% 卵黄盐水 50 mL 与经过除菌过滤的 1% 亚碲酸钾溶液 10 mL 混合，保存于冰箱内。

③临用时加热溶化琼脂，冷却至 50 ℃，每 95 mL 加入预热至 50 ℃的卵黄亚碲酸钾增菌剂 5 mL 摇匀后倾注平板。培养基应是致密不透明的。使用前在冰箱储存不得超过 48 h。

（5）脑心浸出液肉汤(BHI)：

胰蛋白胨	10.0 g
NaCl	5 g
$Na_2HPO_4 \cdot 12H_2O$	2.5 g
葡萄糖	2.0 g
牛心浸出液	500 mL

pH 7.4 ± 0.2

将上述成分加热溶解，调节 pH，分装 16 mm×160 mm 试管，每管 5mL，于 121℃灭菌 15 min。

（6）兔血浆：

| 柠檬酸钠 | 3.8 g |
| 蒸馏水 | 100 mL |

①柠檬酸钠 3.8 g，加蒸馏水 100 mL，溶解后过滤，装瓶，于 121℃高压灭菌 15 min。

②取 3.8% 柠檬酸钠溶液一份，加兔全血 4 份，混匀，静置（或以 3000 r/min 离心 30 min)，使血液细胞下降，即可得血浆。

（7）营养琼脂小斜面

蛋白胨	10.0 g
牛肉膏	3.0 g
NaCl	5 g
琼脂	15.0～20.0 g
蒸馏水	1000 mL

pH 7.2～7.4

将除琼脂以外的各成分溶解于蒸馏水内，加入 15% 氢氧化钠溶液约 2 mL 调节 pH 至 7.2～7.4。加入琼脂，加热煮沸，使琼脂溶化，分装 13 mm×130 mm 试管，于 121 ℃高压灭菌 15 min。

2. 样品的处理

（1）样品为固体时，称取 25 g 样品至盛有 225 mL 7.5 %NaCl 肉汤的无菌均质杯内，以 8000～10000 r/min 均质 1～2 min；或者放入盛有 225 mL7.5 %NaCl 肉汤的无菌均质袋中，用拍击式均质器拍打 1～2 min。

（2）样品为液态时，吸取 25 mL 样品至盛有 225 mL 7.5%NaCl 肉汤的无菌三角瓶（瓶内可预置适当数量的无菌玻璃珠）中，振荡混匀。

3. 增菌

将上述样品匀液于 36 ℃±1 ℃培养 18～24 h。金黄色葡萄球菌在 7.5 %NaCl 肉汤中呈混浊生长。

4. 分离

将上述培养物分别划线接种到 Baird-Parker 平板和血平板，血平板于 36℃±1℃培养 18~24 h。Baird-Parker 平板于 36℃±1℃培养 24~48 h。

5. 初步鉴定

（1）金黄色葡萄球菌在 Baird-Parker 平板上，菌落呈圆形，直径为 2~3 mm，表明光滑、凸起、湿润、颜色呈灰黑色至黑色，有光泽，边缘颜色较浅，周围绕以不透明圈（沉淀），其外常有一清晰带。当用接种针触及菌落时具有黄油样黏稠感。有时可见到不分解脂肪的菌株，除没有不透明圈和清晰带外，其他外观基本相同。从长期贮存的冷冻或脱水食品中分离的菌落，其黑色常较典型菌落浅些，且外观可能较粗糙，质地较干燥。

（2）金黄色葡萄球菌在血平板上，形成菌落较大，呈圆形，表面光滑凸起、湿润、金黄色（有时为白色），菌落周围可见完全透明溶血圈。挑取上述菌落进行革兰氏染色镜检及血浆凝固酶试验。

6. 确证鉴定

（1）染色镜检。金黄色葡萄球菌为革兰氏阳性球菌，排列呈葡萄球状，无芽孢，无荚膜，直径约为 0.5~1 μm。

（2）血浆凝固酶试验。挑取 Baird-Parker 平板或血平板上可疑菌落 5 个或以上，分别接种到 5 mL BHI 和营养琼脂小斜面，于 36℃±1℃，培养 18~24 h。

取新鲜配置兔血浆 0.5 mL，放入小试管中，再加入 BHI 培养物 0.2~0.3 mL，振荡摇匀，置于 36℃±1℃温箱或水浴箱内，每半小时观察一次，观察 6 h，如呈现凝固（即将试管倾斜或倒置时，呈现凝块）或凝固体积大于原体积的一半，被判定为阳性结果。同时，以血浆凝固酶试验阳性和阴性葡萄球菌菌株的肉汤培养物作为对照。也可用商品化的试剂，按说明书操作，进行血浆凝固酶试验。

结果如可疑，挑取营养琼脂小斜面的菌落到 5 mL BHI 上，于 36℃±1℃培养 18~48 h，重复试验。

7. 结果与报告

（1）结果判定：符合上述初步鉴定和确证鉴定两项结果的菌株，可判定为金黄色葡萄球菌。

（2）结果报告：在 25g（mL）样品中检出或未检出金黄色葡萄球菌。

（二）金黄色葡萄球菌的 Baird-Parker 平板计数

此方法适用于金黄色葡萄球菌含量较高的食品中金黄色葡萄球菌的计数。实验前熟悉金黄色葡萄球菌的检验程序如图 2-11-2 所示，增加对实验过程的理解。

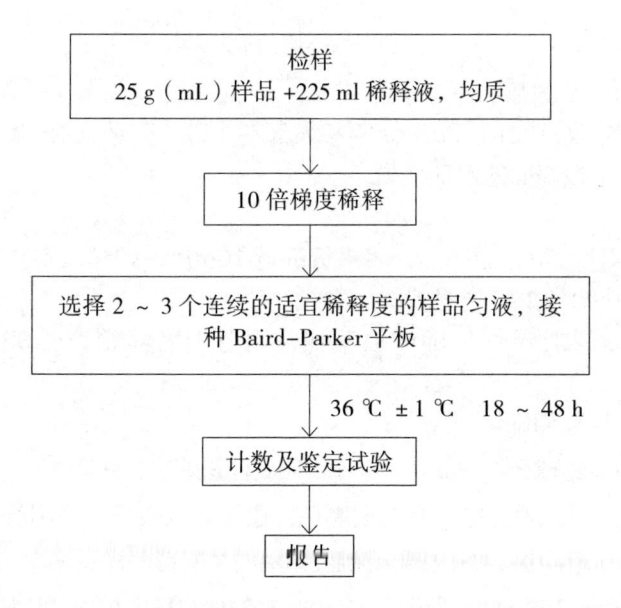

```
┌─────────────────────────────────┐
│           检样                  │
│ 25 g（mL）样品 +225 ml 稀释液，均质 │
└─────────────────────────────────┘
                │
                ▼
      ┌──────────────────┐
      │   10 倍梯度稀释   │
      └──────────────────┘
                │
                ▼
┌─────────────────────────────────┐
│ 选择 2～3 个连续的适宜稀释度的样品匀液，接 │
│ 种 Baird-Parker 平板             │
└─────────────────────────────────┘
                │ 36 ℃ ±1 ℃   18～48 h
                ▼
        ┌──────────────┐
        │  计数及鉴定试验 │
        └──────────────┘
                │
                ▼
            ┌──────┐
            │ 报告 │
            └──────┘
```

图 2-11-2　金黄色葡萄球菌的 Baird-Parker 平板计数检验程序

1.样品处理

（1）固体和半固体样品。称取 25 g 样品，置盛有 225 mL 磷酸盐缓冲液或生理盐水的无菌均质杯内，以 8000-10000r/min 均质 1～2 min；或置盛有 225 mL 稀释液的无菌均质袋中，用拍击式均质器拍打 1～2 min，制成 1∶10 的样品匀液。

（2）液体样品。以无菌吸管吸取 25 mL 样品，放置于盛有 225 mL 磷酸盐缓冲液或生理盐水的无菌三角瓶（瓶内预置适当数量的无菌玻璃珠）中，充分混匀，制成 1∶10 的样品匀液。

2.样品稀释

（1）用 1 mL 无菌吸管或微量移液器吸取 1∶10 样品匀液 1 mL，沿管壁缓慢注于盛有 9 mL 稀释液的无菌试管中（注意吸管或吸头尖端不要触及稀释液面），振摇试管或换用 1 支 1 mL 无菌吸管反复吹打使其混合均匀，制成 1∶100 的样品匀液。

（2）按上述操作程序，制备 10 倍系列稀释样品匀液。每递增稀释一次，换用 1 次 1 mL 无菌吸管或吸头。

3.样品的接种

根据对样品污染状况的估计，选择 2～3 个适宜稀释度的样品匀液（液体样品可包括原液），在进行 10 倍递增稀释的同时，每个稀释度分别吸取 1 mL 样品匀液以 0.3 mL、0.3 mL、0.4 mL 接种量分别加入三块 Baird-Parker 平板，然后用无菌 L 棒涂布整个平板。

注意：

（1）涂布时不要触及平板边缘。

（2）使用前，如 Baird-Parker 平板表面有水珠，可放在 25 ℃～50 ℃的培养箱里干燥，直到平板表面的水珠消失。

4. 培养

（1）在通常情况下，涂布后，将平板静置 10min，如样液不易吸收，可将平板放在培养箱于 36 ℃±1 ℃培养 1h。

（2）等样品匀液吸收后翻转培养皿，倒置于培养箱，于 36 ℃±1 ℃培养 24～48 h。

5. 典型菌落计数和确认

（1）金黄色葡萄球菌在 Baird-Parker 平板上呈圆形，表面光滑、凸起、湿润，菌落直径为 2～3 mm，颜色呈灰黑色至黑色，边缘颜色较浅，周围绕以不透明圈（沉淀），其外常有一清晰带。当用接种针触及菌落时具有黄油样黏稠感。有时可见到不分解脂肪的菌株，除没有不透明圈和清晰带外，其他外观基本相同。从长期贮存的冷冻或脱水食品中分离的菌落，其黑色常较典型菌落浅些，且外观可能较粗糙，质地较干燥。

（2）选择有典型的金黄色葡萄球菌菌落的平板，且同一稀释度 3 个平板所有菌落数合计在 20～200 CFU 之间的平板，计数典型菌落数。

（3）从典型菌落中任选 5 个菌落（小于 5 个全选），分别做染色镜检、血浆凝固酶试验；同时划线接种到血平板于 36 ℃±1 ℃培养 18～24h 后观察菌落形态，金黄色葡萄球菌菌落较大，呈圆形，表面光滑、凸起、湿润、金黄色（有时为白色），菌落周围可见完全透明溶血环。

6. 结果计算

（1）只有一个稀释度平板的菌落数在 20～200 CFU 之间且有典型菌落，计数该稀释度平板上的典型菌落。

（2）最低稀释度平板的菌落数小于 20 CFU 且有典型菌落，计数该稀释度平板上的典型菌落。

（3）某一稀释度平板的菌落数大于 200 CFU 且有典型菌落，但下一稀释度平板上没有典型菌落，应计数该稀释度平板上的典型菌落。

（4）某一稀释度平板的菌落数大于 200 CFU 且有典型菌落，且下一稀释度平板上有典型菌落，但其平板上的菌落数不在 20～200 CFU 之间，应计数该稀释度平板上的典型菌落；以上按公式（2-11-1）计算。

（5）两个连续稀释度的平板菌落数均在 20～200 CFU 之间，按公式（2-11-2）计算。

$$T = \frac{AB}{Cd} \tag{2-11-1}$$

式中：

T——样品中金黄色葡萄球菌菌落数；

A——某一稀释度典型菌落的总数；

B——某一稀释度血浆凝固酶阳性菌落数；

C——某一稀释度用于血浆凝固酶试验的菌落数；

d——稀释因子。

$$T = \frac{A1B1/C1 + A2B2/C2}{1.1d} \tag{2-11-2}$$

式中：

T——样品中金黄色葡萄球菌菌落数；

$A1$——第一稀释度（低稀释倍数）典型菌落的总数；

$A2$——第二稀释度（高稀释倍数）典型菌落的总数；

$B1$——第一稀释度（低稀释倍数）血浆凝固酶阳性的菌落数；

$B2$——第二稀释度（高稀释倍数）血浆凝固酶阳性的菌落数；

$C1$——第一稀释度（低稀释倍数）用于血浆凝固酶试验的菌落数；

$C2$——第二稀释度（高稀释倍数）用于血浆凝固酶试验的菌落数；

1.1——计算系数；

d——稀释因子（第一稀释度）。

7. 结果报告

根据 Baird-Parker 平板上金黄色葡萄球菌的典型菌落数，按上述公式计算，报告每 g（mL）样品中金黄色葡萄球菌数，以 CFU/g(mL) 表示；如 T 值为 0，则以小于 1 乘以最低稀释倍数报告。

（三）金黄色葡萄球菌的 MPN 计数

本方法适用于金黄色葡萄球菌含量较低而杂菌含量较高的食品中金黄色葡萄球菌的计数。

实验前请先熟悉金黄色葡萄球菌的检验程序如图 2-11-3 所示，增加对实验过程的掌握。

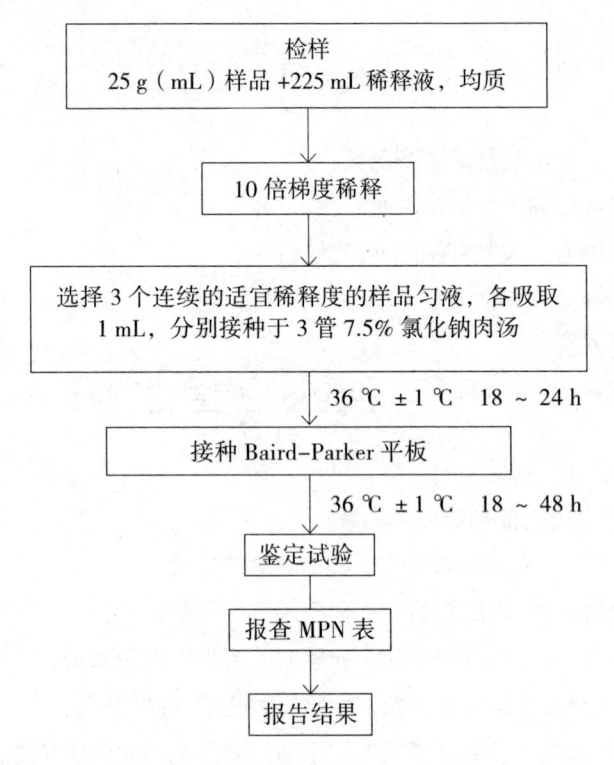

```
          ┌─────────────────────────────────┐
          │            检样                  │
          │  25 g(mL)样品 +225 mL 稀释液,均质 │
          └─────────────────────────────────┘
                         │
                         ▼
              ┌──────────────────┐
              │   10 倍梯度稀释    │
              └──────────────────┘
                         │
                         ▼
       ┌─────────────────────────────────────┐
       │ 选择3个连续的适宜稀释度的样品匀液,各吸取 │
       │   1 mL,分别接种于3管 7.5%氯化钠肉汤   │
       └─────────────────────────────────────┘
                         │ 36 ℃ ±1 ℃  18～24 h
                         ▼
              ┌──────────────────┐
              │ 接种 Baird-Parker 平板 │
              └──────────────────┘
                         │ 36 ℃ ±1 ℃  18～48 h
                         ▼
                 ┌──────────┐
                 │  鉴定试验  │
                 └──────────┘
                         │
                         ▼
                 ┌──────────┐
                 │ 报查 MPN 表 │
                 └──────────┘
                         │
                         ▼
                 ┌──────────┐
                 │  报告结果  │
                 └──────────┘
```

图 2-11-3　金黄色葡萄球菌 MPN 法检验程序

1. 样品的稀释

按照本实验中（二）金黄色葡萄球菌的 Baird-Parker 平板计数法进行。

2. 接种和培养

（1）根据对样品污染状况的估计,选择3个适宜稀释度的样品匀液（液体样品可包括原液）,在进行10倍递增稀释时,每个稀释度分别吸取 1 mL 样品匀液接种到 7.5 %NaCl 肉汤管（如接种量超过 1 mL,则用双料 7.5%NaCl 肉汤）,每个稀释度接种3管,将上述接种物于 36 ℃ ±1 ℃培养 18～24 h。

（2）用接种环从培养后的 7.5 %NaCl 肉汤管中分别取培养物1环,分别接种 Baird-Parker 平板,于 36 ℃ ±1 ℃培养 24～48 h。

3. 典型菌落确认

（1）典型菌落计数和确认,请参考（二）金黄色葡萄球菌的 Baird-Parker 平板计数中的典型菌落计数和确认。

（2）从典型菌落中至少挑取1个菌落接种到 BHI 肉汤和营养琼脂斜面,于 36 ℃

±1 ℃培养18～24 h，进行血浆凝固酶试验。具体步骤请参考见（一）金黄色葡萄球菌的定性检验中的血浆凝固酶试验。

4. 结果与报告

计算血浆凝固酶试验阳性菌落对应的管数，查MPN检索表，报告每g（mL）样品中金黄色葡萄球菌的最可能数，以MPN/g（mL）表示。

五、实验结果与报告

确认金黄色葡萄球菌的典型菌落，根据试验现象对样品中的金黄色葡萄球菌的数量做出判断，报告实验结果。

六、思考题

（1）金黄色葡萄球菌在Baird-Parker平板上有什么特征？

（2）这三种方法有什么区别，为什么选择不同的方法确定金黄色葡萄球菌的数量？

实验十二　沙门氏菌检测

一、实验目的

（1）简述沙门氏菌检测的意义。

（2）对比沙门氏菌属在不同选择性琼脂平板上的菌落特征。

（3）参照GB 4789.4-2016《食品安全国家标准 食品微生物学检验 沙门氏菌检验》检测食品中沙门氏菌。

（4）养成求真求实的食品检验工作作风。

二、实验原理

沙门氏菌为肠杆菌科沙门氏菌属，杆状，无芽胞，有鞭毛，G^-，兼性厌氧。该菌属在5℃～46℃都可生长。沙门氏菌属食物中毒可由活菌和内毒素的协同作用引起，临床表现为急性肠炎，症状为发热、恶心、呕吐、腹痛、腹泻等，死亡率较低。沙门氏菌可在鱼、肉、禽、蛋、乳等食品中存活引起食物中毒，尤其是肉类居多，豆制品和糕点等有时也会引起沙门氏菌食品中毒。健康家禽的沙门氏菌带菌率为1%～4.5%。沙门氏菌不分解蛋白质，所以被沙门氏菌污染的食品通常没有感官性状的变化，难以用感官鉴定的方法鉴别。

大多数沙门氏菌营养要求不高，分离培养常采用肠道选择鉴别培养基。不液化明胶，不分解尿素，不产生吲哚，不发酵乳糖和蔗糖，能发酵葡萄糖、甘露醇、麦芽糖和卫芽糖，大多产酸产气，少数只产酸不产气，VP试验阴性，有赖氨酸脱羧酶，在60℃下15 min可被杀死，在水中存活2～3周，在5%的石碳酸中5 min死亡。

在沙门氏菌的富集或鉴别培养基中，蛋白胨提供氮源，牛肉膏提供碳源和维生素满足细菌生长的需求；NaCl可维持培养基的渗透压；碳酸钙能中和细菌生长时产生的酸及有毒的代谢产物；硫代硫酸钠和四硫磺酸钠结合可抑制肠道共生菌；乳糖是可发酵的糖类；亚硒酸氢钠抑制革兰氏阳性菌和非沙门氏菌的大多数革兰氏阴性肠道菌；磷酸盐是缓冲剂；L-胱氨酸为还原剂。

实验结束后，要对用过的耗材和平板培养基等进行无害化处理，防止污染。

三、实验材料

冰箱、恒温培养箱、均质器、振荡器、电子天平、无菌三角瓶、无菌吸管或微量移液器及吸头、无菌培养皿、无菌试管、无菌毛细管、pH计或精密pH试纸。

蛋白胨、NaCl、磷酸氢二钠、磷酸二氢钾、牛肉膏、碳酸钙、硫代硫酸钠、碘片、碘化钾、煌绿、牛胆盐、基础液、乳糖、磷酸氢二钠、亚硒酸氢钠、L-胱氨酸、葡萄糖、硫酸亚铁、柠檬酸铋铵、蔗糖、水杨素、胆盐、0.4%溴麝香草酚蓝溶液、Andrade指示剂、硫代硫酸钠、柠檬酸铁铵、去氧胆酸钠、酸性复红、氢氧化钠溶液、酵母膏、L-赖氨酸、木糖乳糖、蔗糖、柠檬酸铁铵、硫代硫酸钠、酚红、乳糖、硫酸亚铁铵、酚红、对二甲氨基甲醛、戊醇、浓盐酸、对二甲氨基苯甲醛、欧-波试剂、尿素溶液、KCN培养基、溴甲酚紫、L-赖氨酸或DL-赖氨酸、溴麝香酚蓝、丙二酸钠、邻硝基酚β-D半乳糖苷（O-Nitrophenyl-β-D-Galactopyranoside，ONPG）。

四、实验步骤

沙门氏菌检验程序较复杂，如图2-12-1所示，了解实验流程。

第二部分　综合检验实验

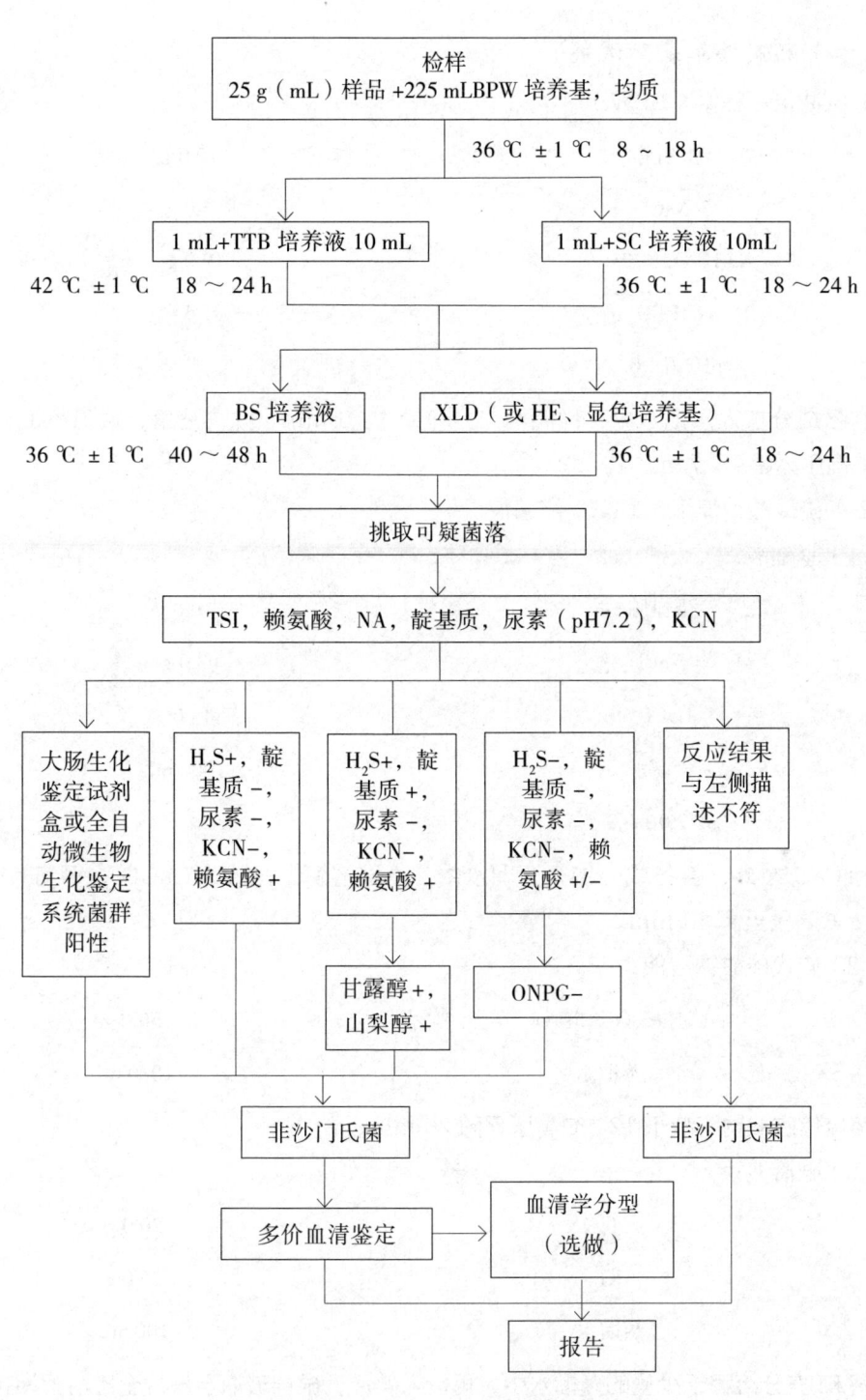

```
                    检样
        25 g(mL)样品+225 mLBPW 培养基，均质
                      │
               36 ℃±1 ℃  8～18 h
                      │
          ┌───────────┴───────────┐
   1 mL+TTB 培养液 10 mL      1 mL+SC 培养液 10mL
  42 ℃±1 ℃  18～24 h         36 ℃±1 ℃  18～24 h
          │                           │
        BS 培养液              XLD（或 HE、显色培养基）
  36 ℃±1 ℃  40～48 h         36 ℃±1 ℃  18～24 h
          └───────────┬───────────┘
                  挑取可疑菌落
                      │
        TSI，赖氨酸，NA，靛基质，尿素（pH7.2），KCN
                      │
  ┌────────┬──────────┬──────────┬──────────┬──────────┐
 大肠生化   H₂S+，    H₂S+，    H₂S-，    反应结果
 鉴定试剂   靛基质-，  靛基质+，  靛基质-，  与左侧描
 盒或全自   尿素-，   尿素-，   尿素-，   述不符
 动微生物   KCN-，    KCN-，    KCN-，
 生化鉴定   赖氨酸+   赖氨酸+   赖氨酸+/-
 系统菌群                │         │
 阳性                 甘露醇+，  ONPG-
                      山梨醇+
          │              │         │         │
       非沙门氏菌                        非沙门氏菌
          │                                  │
          └──────┬──────────────┐           │
            多价血清鉴定    血清学分型
                            （选做）
                                │
                              报告
```

图 2-12-1　沙门氏菌检验流程

（一）配制培养基和试剂

1. 缓冲蛋白胨水（BPW）

蛋白胨	10.0 g
NaCl	5.0 g
$Na_2HPO_4 \cdot 12H_2O$	9.0 g
KH_2PO_4	1.5 g

pH 7.0 ± 0.2

将各成分加入蒸馏水中，搅混均匀，静置约 10 min，煮沸溶解，调节 pH，于 121 ℃ 高压灭菌 15 min。

2. 四硫磺酸钠煌绿（TTB）增菌液

（1）基础液：

蛋白胨	10.0 g
NaCl	3.0 g
$CaCO_3$	45.0 g
蒸馏水	1000 mL

pH 7.0 ± 0.2

除 $CaCO_3$ 外，将各成分加入蒸馏水中，煮沸溶解，再加入 $CaCO_3$，调节 pH，于 121 ℃ 高压灭菌 20 min。

（2）硫代硫酸钠溶液：

$Na_2S_2O_3 \cdot 5H_2O$	50.0 g
蒸馏水	1000 mL

将硫代硫酸钠溶液于 121 ℃ 高压灭菌 20 min。

（3）碘溶液：

I_2	20.0 g
KI	25.0 g
蒸馏水	100 mL

将 KI 充分溶解于少量的蒸馏水中，再投入碘片，振摇玻瓶至碘片全部溶解为止，然后加蒸馏水至规定的总量，贮存于棕色瓶内，塞紧瓶盖备用。

（4）0.5％煌绿水溶液：

| 煌绿 | 0.5 g |
| 蒸馏水 | 100 mL |

溶解后，存放暗处，不少于 1 d，使其自然灭菌。

（5）牛胆盐溶液：

| 牛胆盐 | 10.0 g |
| 蒸馏水 | 100 mL |

加热煮沸至完全溶解，于 121 ℃高压灭菌 20 min。

（6）四硫磺酸钠煌绿（TTB）增菌液：

临用前，按下列顺序，以无菌操作依次加入基础液中，每加入一种成分，均应摇匀后再加入另一种成分。

基础液	900 mL
硫代硫酸钠溶液	100 mL
碘溶液	20.0 mL
煌绿水溶液	2.0 mL
牛胆盐溶液	50.0 mL

3. 亚硒酸盐胱氨酸（SC）增菌液

蛋白胨	5.0 g
乳糖	4.0 g
Na_2H_pO4	10.0 g
亚硒酸氢钠	4.0 g
L-胱氨酸	0.01 g
蒸馏水	1000 mL

pH7.0 ± 0.2

（1）1 g/L L-胱氨酸溶液。称取 0.1 g L-胱氨酸，加 1 mol/L 氢氧化钠溶液 15 mL，使其溶解，再加无菌蒸馏水至 100 mL 即可，如为 DL-胱氨酸，用量应加倍。

（2）除亚硒酸氢钠和 L-胱氨酸外，将以下各成分加入蒸馏水中，煮沸溶解，冷却至 55 ℃以下。

（3）以无菌操作加入亚硒酸氢钠和 1 g/L L-胱氨酸溶液 10 mL，摇匀，调节 pH。

4. 亚硫酸铋（BS）琼脂

蛋白胨	10.0 g
牛肉膏	5.0 g
葡萄糖	5.0 g
$FeSO_4$	0.3 g
Na_2HPO_4	4.0 g
煌绿	0.025 g
柠檬酸铋铵	2.0 g
Na_2SO_3	6.0 g
琼脂	18.0 g
蒸馏水	1000 mL

pH7.5 ± 0.2

（1）将蛋白胨、牛肉膏、葡萄糖三种成分加入 300 mL 蒸馏水制作成基础液。

（2）$FeSO_4$ 和 Na_2HPO_4 分别加入 20 mL 和 30 mL 蒸馏水中。

（3）柠檬酸铋铵和 $NaSO_3$ 分别加入 20 mL 和 30 mL 蒸馏水中，琼脂加入 600 mL 蒸馏水中，然后分别搅拌均匀，煮沸溶解。

（4）冷却至 80 ℃左右时，先将 $FeSO_4$ 和 Na_2HPO_4 混匀，倒入基础液中，混匀。

（5）将柠檬酸铋铵和 $NaSO_3$ 混匀，倒入基础液中，再混匀，调节 pH。随即倾入琼脂液中，混合均匀，冷却至 50 ℃～55 ℃。

（6）加入煌绿溶液，充分混匀，立即倾注培养皿。

注意：

①本培养基不需要高压灭菌。

②在制备过程中不宜过分加热，避免降低其选择性。

③贮于室温暗处，超过 48 h 会降低其选择性。

④本培养基宜于当天制备，第二天使用。

5. HE 琼脂（Hektoen Enteric Agar）

（1）甲液的配制：

硫代硫酸钠	34.0 g
柠檬酸铁铵	4.0 g
蒸馏水	100 mL

（2）乙液的配制：

| 去氧胆酸钠 | 10.0 g |
| 蒸馏水 | 100 mL |

（3）Andrade 指示剂：

酸性复红	0.5 g
1 mol/L 氢氧化钠溶液	16.0 mL
蒸馏水	100 mL

将复红溶解于蒸馏水中，加入氢氧化钠溶液。数小时后如复红褪色不全，再加氢氧化钠溶液 1~2 mL。

（4）最终培养基的配制：

蛋白胨	12.0 g
牛肉膏	3.0 g
乳糖	12.0 g
蔗糖	12.0 g
水杨素	2.0 g
胆盐	20.0 g
NaCl	5.0 g
琼脂	18.0 g
0.4%溴麝香草酚蓝溶液	16.0 mL
蒸馏水	1000 mL
Andrade 指示剂	20.0 mL
甲液	20.0 mL
乙液	20.0 mL

pH7.5 ± 0.2

将前面七种成分溶解于 400 mL 蒸馏水内作为基础液,将琼脂加入 600 mL 蒸馏水内,然后分别搅拌均匀,煮沸溶解。加入甲液和乙液于基础液内,调节 pH。再加入指示剂,并与琼脂液合并,待冷却至 50 ℃～ 55 ℃时倾注培养皿。

注意:

①本培养基不需要高压灭菌。

②在制备过程中不宜过分加热,避免降低其选择性。

6. 木糖赖氨酸脱氧胆盐(XLD)琼脂

酵母膏	3.0 g
L- 赖氨酸	5.0 g
木糖	3.75 g
乳糖	7.5 g
蔗糖	7.5 g
去氧胆酸钠	2.5 g
柠檬酸铁铵	0.8 g
硫代硫酸钠	6.8 g
NaCl	5.0 g
琼脂	15.0 g
酚红	0.08 g
蒸馏水	1000 mL

pH7.4 ± 0.2

除酚红和琼脂外,将其他成分加入 400 mL 蒸馏水中,煮沸溶解,调节 pH。另将琼脂加入 600 mL 蒸馏水中,煮沸溶解。将上述两溶液混合均匀后,再加入指示剂,待冷却至 50 ℃～ 55 ℃时倾注培养皿。

注意:

(1)本培养基不需要高压灭菌。

(2)在制备过程中不宜过分加热,避免降低其选择性。

(3)贮于室温暗处。

(4)本培养基宜当天制备,第二天使用。

7. 三糖铁（TSI）琼脂

蛋白胨	20.0 g
牛肉膏	5.0 g
乳糖	10.0 g
蔗糖	10.0 g
葡萄糖	1.0 g
$Fe(NH_4)_2(SO_4)_2 \cdot 6H_2O$	0.2 g
酚红	0.025 g
NaCl	5.0 g
$Na_2S_2O_3$	0.2 g
琼脂	12 g
蒸馏水	1000 mL

pH7.4 ± 0.2

除酚红和琼脂外，将其他成分加入 400 mL 蒸馏水中，煮沸溶解，调节 pH。另将琼脂加入 600 mL 蒸馏水中，煮沸溶解。将上述两溶液混合均匀后，再加入指示剂，混匀，分装试管，每管约 2～4 mL，于 121 ℃高压灭菌 10 min 或于 115 ℃高压灭菌 15 min，灭菌后制成高层斜面，呈桔红色。

8. 蛋白胨水、靛基质试剂

（1）蛋白胨水：

蛋白胨	20.0 g
NaCl	5.0 g
蒸馏水	1000 mL

pH7.4 ± 0.2

将上述成分加入蒸馏水中，煮沸溶解，调节 pH，分装小试管，于 121 ℃高压灭菌 15 min。

（2）柯凡克试剂：

对二甲氨基苯甲醛	5 g
戊醇	75 mL

浓盐酸	25 mL

5 g 对二甲氨基甲醛溶解于 75 mL 戊醇中，然后缓慢加入浓盐酸 25 mL。

（3）欧 - 波试剂：

二甲氨基苯甲醛	1 g
乙醇	95 mL
浓盐酸	20 mL

将 1 g 对二甲氨基苯甲醛溶解于 95 mL 95％乙醇中，然后缓慢加入 20 mL 浓盐酸。

（4）试验方法：

挑取小量培养物接种，于 36 ℃ ±1 ℃培养 1～2 d，必要时可培养 4～5 d。加入柯凡克试剂约 0.5 mL，轻摇试管，阳性者于试剂层呈深红色；或加入欧 - 波试剂约 0.5 mL，沿管壁流下，覆盖于培养液表面，阳性者于液面接触处呈玫瑰红色。

注意：蛋白胨中应含有丰富的色氯酸。每批蛋白胨买来后，应先用已知菌种鉴定后方可使用。

9. 尿素琼脂（pH 7.2）

蛋白胨	1.0 g
NaCl	5.0 g
葡萄糖	1.0 g
磷酸二氢钾	2.0 g
0.4％酚红	3.0 mL
琼脂	20.0 g
蒸馏水	1000 mL
20% 尿素溶液	100 mL
pH7.2 ± 0.2	

（1）除尿素、琼脂和酚红外，将其他成分加入 400 mL 蒸馏水中，煮沸溶解，调节 pH。

（2）另将琼脂加入 600 mL 蒸馏水中，煮沸溶解。

（3）将上述两溶液混合均匀后，再加入指示剂后分装，于 121 ℃高压灭菌 15 min。

（4）冷却至 50 ℃～55 ℃，加入经除菌过滤的尿素溶液，尿素的最终浓度为

2%，分装于无菌试管内，放成斜面备用。

（5）试验方法：挑取琼脂培养物接种，于37 ℃培养24 h，观察结果。尿素酶阳性者由于产碱而使培养基变为红色。

10. 氰化钾（KCN）培养基

蛋白胨	10.0 g
NaCl	5.0 g
K_2HPO_4	0.225 g
Na_2HPO_4	5.64 g
蒸馏水	1000 mL
0.5%氰化钾	20.0 mL

（1）将除氰化钾以外的成分加入蒸馏水中，煮沸溶解，分装后于121 ℃高压灭菌15 min。

（2）放在冰箱内使其充分冷却后，每100 mL 培养基加入0.5％氰化钾溶液2 mL（最后浓度为1∶10000），分装于无菌试管内，每管约4 mL，立刻用无菌橡皮塞塞紧，放在4 ℃冰箱内，可保存两个月。

（3）同时，将不加氰化钾的培养基作为对照培养基，分装试管备用。

（4）试验方法：将琼脂培养物接种于蛋白胨水内成为稀释菌液，挑取1 环接种于氰化钾（KCN）培养基，并另挑取1 环接种于对照培养基，于36 ℃±1 ℃培养1～2 d，观察结果。如有细菌生长即为阳性（不抑制），经2 d 细菌不生长为阴性（抑制）。

注意：

①氰化钾是剧毒药，使用时应小心，切勿沾染，以免中毒。

②夏天分装培养基应在冰箱内进行。

③试验失败的主要原因是封口不严，氰化钾逐渐分解，产生氢氰酸气体逸出，以致药物浓度降低，细菌生长，因而造成假阳性反应。

④试验时对每一环节都要特别注意。

11. 赖氨酸脱羧酶试验培养基

蛋白胨	5.0 g
酵母浸膏	3.0 g

葡萄糖	1.0 g
蒸馏水	1000 mL
1.6%溴甲酚紫–乙醇溶液	1.0 mL
L-赖氨酸	0.5 g

pH 6.8±0.2

(1)除赖氨酸以外的成分加热溶解后,分装,每瓶 100 mL,分别加入赖氨酸。L-赖氨酸按 0.5% 加入(或 DL-赖氨酸按 1% 加入),调节 pH。对照培养基不加赖氨酸。

(2)分装于无菌的小试管内,每管 0.5 mL,上面滴加一层液体石蜡,于 115 ℃ 高压灭菌 10 min。

(3)试验方法:从琼脂斜面上挑取培养物接种,于 36 ℃±1 ℃培养 18～24 h,观察结果。氨基酸脱羧酶阳性者由于产碱,培养基应呈紫色。阴性者无碱性产物,但因葡萄糖产酸而使培养基变为黄色。对照管应为黄色。

12. 糖发酵管

牛肉膏	5.0 g
蛋白胨	10.0 g
NaCl	3.0 g
$Na_2HPO_4 \cdot 12H_2O$	2.0 g
0.2%溴麝香草酚蓝溶液	12.0 mL
蒸馏水	1000 mL

pH 7.4±0.2

(1)配制:葡萄糖发酵管按上述成分配好后,调节 pH。按 0.5% 加入葡萄糖,分装于有一个倒置小管的小试管内,于 121 ℃高压灭菌 15 min。

(2)试验方法:从琼脂斜面上挑取小量培养物接种,于 36 ℃±1 ℃培养,一般 2～3 d。迟缓反应需要观察 14～30 d。

注意:

①其他各种糖发酵管可按上述成分配好后,分装,每瓶 100 mL,于 121 ℃高压灭菌 15 min。另将各种糖类分别配好 10% 溶液,同时高压灭菌。将 5 mL 糖溶液加入 100 mL 培养基内,以无菌操作分装小试管。

②蔗糖不纯，加热后会自行水解者，应采用过滤法除菌。

13.ONPG 培养基

邻硝基酚 β-D 半乳糖苷（ONPG）	60.0 mg
0.01 mol/L 磷酸钠缓冲液（pH7.5）	10.0 mL
1%蛋白胨水（pH7.5）	30.0 mL

（1）配制：将 ONPG 溶于缓冲液内，加入蛋白胨水，以过滤法除菌，分装于无菌的小试管内，每管 0.5 mL，用橡皮塞塞紧。

（2）试验方法：自琼脂斜面上挑取培养物 1 满环接种于 36 ℃±1℃培养 1～3 h 和 24 h 观察结果。如果 β-半乳糖苷酶产生，则于 1～3 h 变黄色，如 24 h 不变色则无此酶。

14.半固体琼脂

牛肉膏	0.3 g
蛋白胨	1.0 g
NaCl	0.5 g
琼脂	0.35～0.4 g
蒸馏水	100 mL

pH 7.4±0.2

按以上成分配好，煮沸溶解，调节 pH，分装小试管，于 121 ℃高压灭菌 15 min，直立凝固备用，供动力观察、菌种保存、H 抗原位相变异试验等用。

15.丙二酸钠培养基

酵母浸膏	1.0 g
硫酸铵	2.0 g
磷酸氢二钾	0.6 g
磷酸二氢钾	0.4 g
NaCl	2.0 g
丙二酸钠	3.0 g
0.2%溴麝香草酚蓝溶液	12.0 mL
蒸馏水	1000 mL

pH 6.8±0.2

（1）配制：除指示剂以外的成分溶解于水，调节 pH，再加入指示剂，分装试管，于 121 ℃高压灭菌 15 min。

（2）试验方法：用新鲜的琼脂培养物接种，于 37 ℃培养 48 h，观察结果。阳性者由绿色变为蓝色。

（二）样品处理

根据实际需要选择下列一种样品处理方法进行实验。

（1）称取 25 g（mL）样品放入盛有 225 mL BPW 的无菌均质杯中，以 8000～10000 r/min 均质 1～2 min，或置于盛有 225 mL BPW 的无菌均质袋中，用拍击式均质器拍打 1～2 min。

（2）样品为液态，不需要均质，振荡混匀。如需测定 pH 值，用 1 mol/mL 无菌 NaOH 或 HCl 调 pH 至 6.8±0.2。

注意：如为冷冻产品，应在 45 ℃以下不超过 15 min，或 2 ℃～5 ℃不超过 18 h 解冻。

（三）增菌

（1）轻轻摇动培养过的样品混合物，移取 1 mL，转种于 10 mL TTB 内，于 42 ℃±1℃培养 18～24 h。

（2）同时，另取 1 mL，转种于 10 mL SC 内，于 36 ℃±1 ℃培养 18～24 h。

（四）分离

分别用直径 3 mm 的接种环取增菌液 1 环，划线接种于一个 BS 琼脂平板和一个 XLD 琼脂平板（或 HE 琼脂平板或沙门氏菌属显色培养基平板），于 36 ℃±1 ℃分别培养 40～48 h（BS 琼脂平板）或 18～24 h（XLD 琼脂平板、HE 琼脂平板、沙门氏菌属显色培养基平板），观察各个平板上生长的菌落，各个平板上的菌落特征见表 2-12-1。

表 2-12-1　沙门氏菌属在不同选择性琼脂平板上的菌落特征

选择性琼脂平板	沙门氏菌
BS 琼脂平板	菌落为黑色有金属光泽、棕褐色或灰色，菌落周围培养基可呈黑色或棕色；有些菌株形成灰绿色的菌落，周围培养基不变
HE 琼脂平板	蓝绿色或蓝色，多数菌落中心呈黑色或几乎全黑色；有些菌株为黄色，中心呈黑色或几乎全黑色

续　表

选择性琼脂平板	沙门氏菌
XLD 琼脂平板	菌落呈粉红色，带或不带黑色中心，有些菌株可呈现大的带光泽的黑色中心，或呈现全部黑色的菌落；有些菌株为黄色菌落，带或不带黑色中心
沙门氏菌属显色培养基	按照显色培养基的说明进行判定

（五）生化试验

（1）自选择性琼脂平板上分别挑取 2 个以上典型菌落或可疑菌落，接种三糖铁琼脂，先在斜面划线，再于底层穿刺；接种针不要灭菌，直接接种赖氨酸脱羧酶试验培养基和营养琼脂平板，于 36 ℃培养 18～24 h，必要时可延长至 48 h。在三糖铁琼脂和赖氨酸脱羧酶试验培养基内，沙门氏菌属的反应结果见表 2-12-2。

表 2-12-2　沙门氏菌属在三糖铁琼脂和赖氨酸脱羧酶试验培养基内的反应结果

三糖铁琼脂				赖氨酸脱羧酶试验培养基	初步判断
斜面	底层	产气	硫化氢		
K	A	+（-）	+（-）	+	可疑沙门氏菌属
K	A	+（-）	+（-）	-	可疑沙门氏菌属
A	A	+（-）	+（-）	+	可疑沙门氏菌属
A	A	+/-	+/-	-	非沙门氏菌
K	K	+/-	+/-	+/-	非沙门氏菌

K：产碱；A：产酸；+：阳性；-：阴性；+（-）：多数阳性，少数阴性；+/-：阳性或阴性。

（2）接种三糖铁琼脂和赖氨酸脱羧酶试验培养基的同时，可直接接种蛋白胨水（供做靛基质试验）、尿素琼脂（pH7.2）、氰化钾（KCN）培养基，也可在初步判断结果后从营养琼脂平板上挑取可疑菌落接种，于 36 ℃培养 18～24 h，必要时可延长至 48 h，按表 2-12-3 判定结果。将已挑菌落的平板储存于 2 ℃～5 ℃或室温至少保留 24 h，以备必要时复查。

表2-12-3 沙门氏菌属生化反应初步鉴别表

反应序号	硫化氢	靛基质	pH7.2尿素	氰化钾	赖氨酸脱羧酶
A1	+	−	−	−	+
A2	+	+	−	−	+
A3	−	−	−	−	+/−

反应序号A1：典型反应判定为沙门氏菌属。如尿素、KCN和赖氨酸脱羧酶3项中有1项异常，按表2-12-4可判定为沙门氏菌；如有2项异常为非沙门氏菌。

表2-12-4 沙门氏菌属生化反应初步鉴别表

pH7.2尿素	氰化钾	赖氨酸脱羧酶	判定结果
−	−	−	甲型副伤寒沙门氏菌（要求血清学鉴定结果）
−	+	+	沙门氏菌Ⅳ或Ⅴ（要求符合本群生化特性）
+	−	+	沙门氏菌个别变体（要求血清学鉴定结果）

反应序号A2：补做甘露醇和山梨醇试验，沙门氏菌靛基质阳性变体两项试验结果均为阳性，但需要结合血清学鉴定结果进行判定。

反应序号A3：补做ONPG。ONPG阴性为沙门氏菌，同时赖氨酸脱羧酶阳性，甲型副伤寒沙门氏菌为赖氨酸脱羧酶阴性。

必要时按表2-12-5进行沙门氏菌生化群的鉴别。

表2-12-5 沙门氏菌属各生化群的鉴别

项 目	Ⅰ	Ⅱ	Ⅲ	Ⅳ	Ⅴ	Ⅵ
卫矛醇	+	+	−	−	+	−
山梨醇	+	+	+	+	+	−
水杨苷	−	−	−	+	−	−
ONPG	−	−	+	−	+	−
丙二酸盐	−	+	+	−	−	−
KCN	−	−	−	+	+	−

（3）如选择生化鉴定试剂盒或全自动微生物生化鉴定系统，可根据菌株在三糖

铁琼脂和赖氨酸脱羧酶试验培养基内的反应获得初步判断，从营养琼脂平板上挑取可疑菌落，用生理盐水制备成浊度适当的菌悬液，使用生化鉴定试剂盒或全自动微生物生化鉴定系统进行鉴定。

（六）血清学鉴定

1. 抗原的准备

一般采用 1.2%～1.5% 琼脂培养物作为玻片凝集试验用的抗原。

O 血清不凝集时，将菌株接种在琼脂量较高的（如 2%～3%）培养基上再检查；如果是由于 Vi 抗原的存在而阻止了 O 凝集反应，可挑取菌苔于 1 mL 生理盐水中做成浓菌液，于酒精灯火焰上煮沸后再检查。H 抗原发育不良时，将菌株接种在 0.55%～0.65% 半固体琼脂平板的中央，菌落蔓延生长时，在其边缘部分取菌检查；或将菌株通过装有 0.3%～0.4% 半固体琼脂的小玻管 1～2 次，自远端取菌培养后再检查。

2. 多价菌体抗原（O）鉴定

在玻片上划出 2 个约 1 cm×2 cm 的区域，挑取 1 环待测菌，各放 1/2 环于玻片上的每一区域上部，在其中一个区域下部加 1 滴多价菌体（O）抗血清，在另一区域下部加入 1 滴生理盐水，作为对照。再用无菌的接种环或接种针分别将两个区域内的菌落研成乳状液。将玻片倾斜摇动混合 1 min，并对着黑暗背景进行观察，任何程度的凝集现象皆为阳性反应。

3. 多价鞭毛抗原（H）鉴定

操作同多价菌体抗原（O）鉴定。

五、实验结果与报告

综合以上生化试验和血清学鉴定的结果，报告 25 g（mL）样品中检出或未检出沙门氏菌。

六、思考题

（1）查阅资料，讨论 BS、HE、XLD 选择性琼脂平板中各个成分都有哪些作用？

（2）为什么选择性琼脂平板上的菌落还要进一步挑取典型菌落或可疑菌落做生化检验？

实验十三　　志贺氏菌检验

一、实验目的

（1）简述志贺氏菌检测的意义。
（2）简述志贺氏菌检测各个培养基成分的作用。
（3）能运用 GB 4789.5—2012 对食品进行志贺氏菌检验。
（4）养成求真求实的食品检验工作精神。

二、实验原理

志贺菌属（Shigella）是人类细菌性痢疾最常见的病原菌，俗称痢疾杆菌，包括痢疾志贺菌（S. dysenteriae）、福氏志贺菌（S. flexneri）、鲍氏志贺菌（S. boydii）和宋内志贺菌（S. sonnei）。该菌属于 G^-，无鞭毛，无芽孢，兼性厌氧杆菌，通常是过氧化氢酶阳性，氧化酶和乳糖阴性，发酵糖类不产气，能在 7℃～46℃下生长，能耐受冷藏、冷冻、5% NaCl 和 pH4.5 等不同的物理和化学处理，能在许多类型的食品中生长繁殖。志贺氏菌可经粪—口途径直接传播。食物中出现志贺氏菌，只能是来自粪便排泄物的直接或间接污染，病原菌来源可能是显性传染或隐性传染。

志贺氏菌根据其分解葡萄糖，产酸不产气，VP 试验阴性，不分解尿素，不形成硫化氢，不能利用枸橼酸盐作为碳源等特性，通过选择性培养基和生理生化实验进行鉴定。

三糖铁（TSI）培养基用于鉴别肠道菌发酵蔗糖、乳糖、葡萄糖及产生硫化氢的生化反应。蛋白胨、牛肉浸膏提供氮源、维生素、矿物质；乳糖、葡萄糖、蔗糖为可发酵糖类；酚红是酸碱指示剂，细菌产酸时可被测出，酸性呈黄色，碱性呈红色；硫代硫酸钠可被某些细菌还原为硫化氢，与硫酸亚铁中的铁盐生成黑色硫化铁。

在木糖赖氨酸脱氧胆盐（XLD）琼脂中，柠檬酸铁铵、柠檬酸钠和去氧胆酸钠抑制革兰氏阳性菌的生长。

葡萄糖铵盐培养基是一种组合培养基，常用于鉴别细菌利用铵盐作为唯一氮源并分解葡萄糖的试验。该培养基的微生物能利用磷酸二氢铵作为唯一氮源，不需要尼克酸和氨基酸作为生长因子，分解葡萄糖铵盐培养基中的葡萄糖使培养基变酸性；溴麝香草酚兰是指示剂，产酸时培养基由绿色变为黄色。

靛基质试剂可检测细菌分解蛋白胨中的色氨酸，生成吲哚的反应。吲哚的存在可用显色反应表现出来。吲哚与对二甲基氨基苯醛结合，形成玫瑰吲哚，为红色化合物。

实验结束后，要对用过的耗材和平板培养基等进行无害化处理，防止污染。

三、实验材料

冰箱、厌氧培养装置、恒温培养箱、均质器，振荡器、电子天平、无菌三角瓶、膜过滤系统、无菌吸管或微量移液器及吸头、无菌培养皿、无菌试管、无菌毛细管、pH 计或精密 pH 试纸、全自动微生物生化鉴定系统。

胰蛋白胨、葡萄糖、磷酸二氢钾、NaCl、磷酸氢二钾、吐温 00、新生霉素、蛋白胨、乳糖、3 号胆盐、中性红、结晶紫、酵母膏、L- 赖氨酸、木糖、蔗糖、脱氧胆酸钠、硫代硫酸钠、柠檬酸铁铵、酚红、$MgSO_4$、磷酸二氢铵、溴麝香草酚蓝、尿素、柠檬酸钠、生化鉴定试剂盒。

市售鸡蛋、市售生肉。

四、实验步骤

本实验参考 GB 4789.5-2012《食品安全国家标准 食品微生物学检验 志贺氏菌检验》。志贺氏菌检验程序较复杂，如图 2-13-1 所示，了解实验流程。

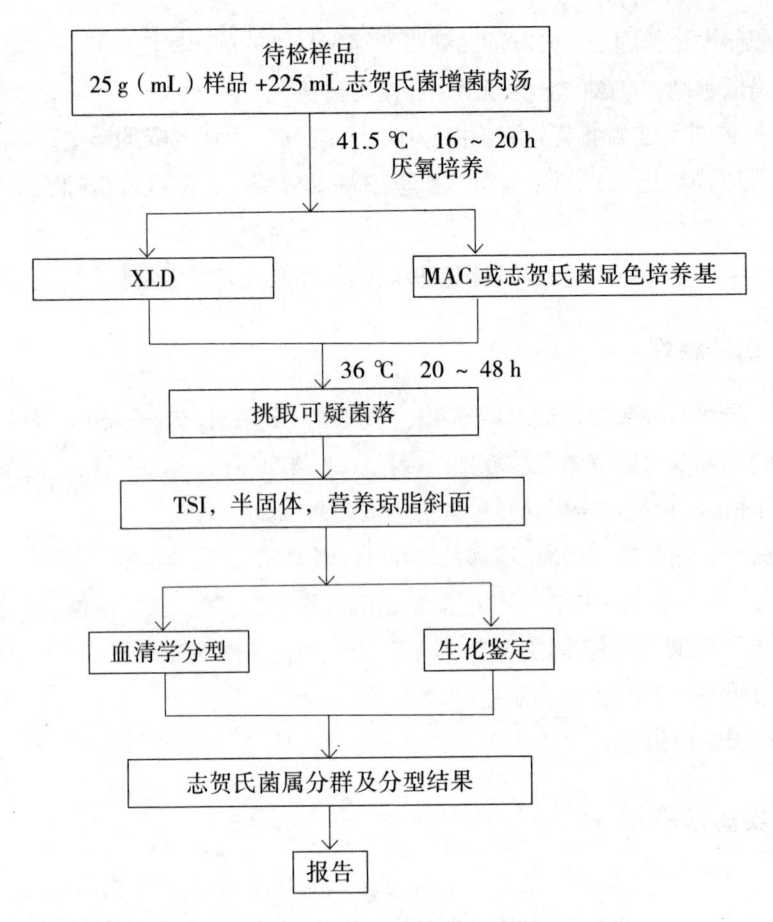

```
                 待检样品
         25 g（mL）样品 +225 mL 志贺氏菌增菌肉汤
                      │
                41.5 ℃  16～20 h
                   厌氧培养
              ┌───────┴───────┐
          ┌───┴───┐       ┌───┴──────────────┐
          │  XLD  │       │ MAC 或志贺氏菌显色培养基 │
          └───┬───┘       └───┬──────────────┘
              │ 36 ℃  20～48 h
          ┌───┴────┐
          │挑取可疑菌落│
          └───┬────┘
              │
         ┌────┴──────────────┐
         │ TSI，半固体，营养琼脂斜面 │
         └────┬──────────────┘
         ┌────┴─────┐
      ┌──┴───┐  ┌──┴───┐
      │血清学分型│  │生化鉴定│
      └──┬───┘  └──┬───┘
         └────┬─────┘
       ┌─────┴──────┐
       │志贺氏菌属分群及分型结果│
       └─────┬──────┘
           ┌─┴─┐
           │报告│
           └───┘
```

图 2-13-1 志贺氏菌检验程序

（一）配制培养基

1. 志贺氏菌增菌肉汤 - 新生霉素

（1）志贺氏菌增菌肉汤：

胰蛋白胨	20.0 g
葡萄糖	1.0 g
磷酸二氢钾	2.0 g
NaCl	5.0 g
磷酸氢二钾	2.0 g
蒸馏水	1000.0 mL

吐温 80	1.5 mL
pH7.0 ± 0.2	

将以上成分混合加热溶解，冷却至 25 ℃，调整分装适当的容器，于 121 ℃灭菌 15 min。

（2）新生霉素溶液：

新生霉素	25.0 mg
蒸馏水	1000.0 mL

将新生霉素溶解于蒸馏水中，用 0.22 μm 过滤膜除菌，如不立即使用，在 2 ℃～ 8 ℃条件下可储存 1 个月。

（3）志贺氏菌增菌肉汤冷却至 50 ℃～ 55 ℃以下，临用时每 225 mL 志贺氏菌增菌肉汤加入除菌过滤的新生霉素溶液（0.5 μg/mL）5 mL，分装 225 mL 备用。如不立即使用，在 2 ℃～ 8 ℃条件下可储存 1 个月。

2. 麦康凯（MAC）琼脂

蛋白胨	20.0 g
乳糖	10.0 g
3 号胆盐	1.5 g
NaCl	5.0 g
中性红	0.03 g
结晶紫	0.001 g
蒸馏水	1000.0 mL
琼脂	15.0 g
pH7.0 ± 0.2	

将以上成分混合加热溶解，冷却至 25 ℃左右调整 pH，分装，于 121 ℃高压灭菌 15 min，冷却至 45 ℃～ 50 ℃，倾注平板。如不立即使用，在 2 ℃～ 8 ℃条件下可储存 2 周。

3. 木糖赖氨酸脱氧胆盐（XLD）琼脂

酵母膏	3.0 g
L- 赖氨酸	5.0 g

木糖	3.75 g
乳糖	7.5 g
蔗糖	7.5 g
脱氧胆酸钠	1.0 g
NaCl	5.0 g
硫代硫酸钠	6.8 g
柠檬酸铁铵	0.8 g
酚红	0.08 g
蒸馏水	1000.0 mL
琼脂	15.0 g

pH7.4±0.2

（1）除酚红和琼脂外，将其他成分加入 400 mL 蒸馏水中，煮沸溶解，调整。另将琼脂加入 600 mL 蒸馏水中，煮沸溶解。

（2）将上述两溶液混合均匀后，再加入指示剂，待冷却至 50 ℃～55 ℃时倾注培养皿。

注意：

①本培养基不需要高压灭菌，在制备过程中不宜过分加热，避免降低其选择性，贮于室温暗处。

②本培养基宜当天制备，第二天使用。使用前必须去除平板表面上的水珠，在 37 ℃～55 ℃温度下，琼脂面向下，平板盖亦向下烘干。

③如配制好的培养基不立即使用，在 2 ℃～8 ℃条件下可储存 2 周。

4. 三糖铁（TSI）琼脂

蛋白胨	20.0 g
牛肉浸膏	5.0 g
乳糖	10.0 g
蔗糖	10.0 g
葡萄糖	1.0 g

$(NH_4)_2Fe(SO_4)_2 \cdot 6H_2O$	0.2 g
NaCl	5.0 g
硫代硫酸钠	0.2 g
酚红	0.025 g
琼脂	12.0 g
蒸馏水	1000.0 mL

pH 7.4 ± 0.2

（1）除酚红和琼脂外，将其他成分加于 400 mL 蒸馏水中，搅拌均匀，静置约 10 min，加热使完全溶化，冷却至 25 ℃左右调整 pH。

（2）将琼脂加于 600 mL 蒸馏水中，静置约 10 min，加热使完全溶化。

（3）将两溶液混合均匀，加入 5% 酚红水溶液 5 mL，混匀，分装小号试管，每管约 3 mL，于 121 ℃灭菌 15 min，制成高层斜面。冷却后呈桔红色。如不立即使用，在 2 ℃~8 ℃条件下可储存 1 个月。

5. 营养琼脂斜面

蛋白胨	10.0 g
牛肉膏	3.0 g
NaCl	5.0 g
琼脂	15.0 g
蒸馏水	1000.0 mL

pH 7.0 ± 0.2

将除琼脂以外的各成分溶解于蒸馏水内，加入 15% 氢氧化钠溶液约 2 mL，冷却至 25 ℃左右调整 pH。加入琼脂，加热煮沸，使琼脂溶化，分装小号试管，每管约 3 mL，于 121 ℃灭菌 15 min，制成斜面。如不立即使用，在 2 ℃~8 ℃条件下可储存 2 周。

6. 半固体琼脂

蛋白胨	1.0 g
牛肉膏	0.3 g

NaCl	0.5 g
琼脂	0.3 ~ 0.7 g
蒸馏水	100.0 mL

pH7.4 ± 0.2

按以上成分配好，加热溶解，并调整 pH，分装小试管，于 121 ℃灭菌 15 min，直立凝固备用。

7. 葡萄糖铵盐培养基

NaCl	5.0 g
$MgSO_4 \cdot 7H_2O$	0.2 g
磷酸二氢铵	1.0 g
磷酸氢二钾	1.0 g
葡萄糖	2.0 g
琼脂	20.0 g
0.2% 溴麝香草酚蓝水溶液	40.0 mL
蒸馏水	1000.0 mL

pH6.8 ± 0.2

（1）先将盐类和糖溶解于水内，调整 pH，再加琼脂加热溶解，然后加入指示剂。混合均匀后分装试管，于 121 ℃高压灭菌 15 min，制成斜面备用。

（2）试验方法：使用时，用接种针轻轻触及培养物的表面，在盐水管内做成极稀的悬液，肉眼观察不到混浊，以每一接种环内含菌数 20 ~ 100 个为宜。将接种环灭菌后挑取菌液接种，再以同法接种普通斜面一支作为对照，于 36 ℃培养 24 h，观察结果。阳性者葡萄糖铵盐斜面上有正常大小的菌落生长；阴性者不生长，但在对照培养基上生长良好。如在葡萄糖铵盐斜面生长极微小的菌落可视为阴性结果。

注意：容器使用前应用清洁液浸泡，再用清水、蒸馏水冲洗干净，并用新棉花做成棉塞，干热灭菌后使用。如果操作时不注意，有杂质污染，则易造成假阳性的结果。

8. 尿素琼脂

蛋白胨	1.0 g
NaCl	5.0 g
葡萄糖	1.0 g
磷酸二氢钾	2.0 g
0.4% 酚红溶液	3.0 mL
琼脂	20.0 g
20% 尿素溶液	100.0 mL
蒸馏水	900.0 mL

pH7.2 ± 0.2

（1）除酚红和尿素外的其他成分加热溶解，冷却至 25 ℃左右调整 pH，加入酚红指示剂，混匀，于 121 ℃灭菌 15 min。冷却至约 55 ℃，加入用 0.22 μm 过滤膜除菌后的 20% 尿素水溶液 100 mL，混匀，以无菌操作分装灭菌试管，每管约 3～4 mL，制成斜面后放冰箱备用。

（2）试验方法：挑取琼脂培养物接种，于 36 ℃培养 24 h，观察结果。尿素酶阳性者由于产碱而使培养基变为红色。

9. β- 半乳糖苷酶培养基

邻硝基苯 β-D- 半乳糖苷 (ONPG)	60.0 mg
0.01 mol/L 磷酸钠缓冲液（pH7.5 ± 0.2）	10.0 mL
1% 蛋白胨水（pH7.5 ± 0.2）	30.0 mL

（1）配制方法：将 ONPG 溶于缓冲液内，加入蛋白胨水，以过滤法除菌，分装于 10 mm × 75 mm 试管内，每管 0.5 mL，用橡皮塞塞紧。

（2）试验方法：自琼脂斜面挑取培养物一满环接种，于 36 ℃培养 1～3 h 和 24 h 观察结果。如果 β-D- 半乳糖苷酶产生，则于 1～3 h 变黄色，如无此酶则 24 h 不变色。

10. 平板法（X-Gal 法）

蛋白胨	20.0 g
NaCl	3.0 g

X-Gal	200.0 mg
琼脂	15.0 g
蒸馏水	1000.0 mL
pH7.2 ± 0.2	

（1）将各成分加热煮沸于 1 L 水中，冷却至 25 ℃左右调整 pH，于 115 ℃高压灭菌 10 min，倾注平板避光冷藏备用。

（2）试验方法：挑取琼脂斜面培养物接种于平板，划线和点种均可，于 36 ℃培养 18～24 h 观察结果。如果 β-D-半乳糖苷酶产生，则平板上培养物颜色变蓝色，如无此酶则培养物为无色或不透明色，培养 48～72 h 后有部分转为淡粉红色。

11. 氨基酸脱羧酶试验培养基

蛋白胨	5.0 g
酵母浸膏	3.0 g
葡萄糖	1.0 g
1.6% 溴甲酚紫-乙醇溶液	1.0 mL
L 型赖氨酸和鸟氨酸	0.5 g/100 mL
蒸馏水	1000.0 mL
pH6.8 ± 0.2	

（1）除氨基酸以外的成分加热溶解后，分装每瓶 100 mL，分别加入赖氨酸和鸟氨酸。L-氨基酸按 0.5% 加入，再调整 pH。对照培养基不加氨基酸。分装于灭菌的小试管内，每管 0.5 mL，上面滴加一层石蜡油，于 115 ℃高压灭菌 10 min。

（2）试验方法：从琼脂斜面上挑取培养物接种，于 36 ℃培养 18～24h，观察结果。氨基酸脱羧酶阳性者由于产碱，培养基应呈紫色。阴性者无碱性产物，但因葡萄糖产酸而使培养基变为黄色。阴性对照管应为黄色，空白对照管为紫色。

12. 糖发酵管

牛肉膏	5.0 g
蛋白胨	10.0 g
NaCl	3.0 g

Na$_2$HPO$_4$·12H$_2$O	2.0 g
0.2%溴麝香草酚蓝溶液	12.0 mL
蒸馏水	1000.0 mL

pH7.4±0.2

（1）葡萄糖发酵管按上述成分配好后，按0.5%加入葡萄糖，在25 ℃左右调整pH，分装于有一个倒置小管的小试管内，于121 ℃高压灭菌15 min。其他各种糖发酵管可按上述成分配好后，分装每瓶100 mL，于121 ℃高压灭菌15 min。另将各种糖类分别配好10%溶液，同时高压灭菌。将5 mL糖溶液加入100 mL培养基内，以无菌操作分装小试管。

（2）试验方法：从琼脂斜面上挑取小量培养物接种，于36 ℃培养，一般观察2～3 d。迟缓反应需要观察14～30 d。

注意：蔗糖不纯，加热后可能会自行水解，应采用过滤法除菌。

13. 西蒙氏柠檬酸盐培养基

NaCl	5.0 g
MgSO$_4$·7H$_2$O	0.2 g
磷酸二氢铵	1.0 g
磷酸氢二钾	1.0 g
柠檬酸钠	5.0 g
琼脂	20.0 g
0.2%溴麝香草酚蓝溶液	40 mL
蒸馏水	1000 mL

pH6.8±0.2

（1）先将盐类溶解于水内，调pH，加入琼脂，加热溶化。然后加入指示剂，混合均匀后分装试管，于121 ℃灭菌15 min，制成斜面备用。

（2）试验方法：挑取少量琼脂培养物接种，于36 ℃培养4 d，每天观察结果。阳性者斜面上有菌落生长，培养基从绿色转为蓝色。

14. 黏液酸盐培养基

（1）测试肉汤：

酪蛋白胨	10.0 g
溴麝香草酚蓝溶液	0.024 g
蒸馏水	1000.0 mL
黏液酸	10.0 g

pH7.4±0.2

慢慢加入 5 mol/L 氢氧化钠以溶解黏液酸，混匀。其余成分加热溶解，加入上述黏液酸，冷却至 25 ℃左右调整 pH7.4±0.2，分装试管，每管约 5 mL，于 121 ℃高压灭菌 10 min。

（2）质控肉汤：

酪蛋白胨	10.0 g
溴麝香草酚蓝溶液	0.024 g
蒸馏水	1000.0 mL

pH7.4±0.2

所有成分加热溶解，冷却至 25 ℃左右调整 pH 至 7.4±0.2，分装试管，每管约 5 mL，于 121 ℃高压灭菌 10 min。

（3）试验方法：

将待测新鲜培养物接种上述测试肉汤和质控肉汤，于 36 ℃培养 48 h 观察结果，肉汤颜色蓝色不变则为阴性结果，若呈黄色或稻草黄色为阳性结果。

15. 蛋白胨水、靛基质试剂

（1）蛋白胨水：

蛋白胨	20.0 g
NaCl	5.0 g
蒸馏水	1000 mL

pH7.4

按上述成分配制，分装小试管，于 121 ℃高压灭菌 15 min。此试剂在 2 ℃～8 ℃条件下可储存一个月。

（2）靛基质试剂：

①柯凡克试剂：将5 g对二甲氨基苯甲醛溶解于75 mL戊醇中。然后缓慢加入浓盐酸25 mL。

②欧－波试剂：将1 g对二甲氨基苯甲醛溶解于95 mL 95%乙醇内。然后缓慢加入浓盐酸20 mL。

（3）试验方法：

挑取少量培养物接种于蛋白胨水，在36 ℃±1 ℃培养1～2 d，必要时可培养4～5 d。加入柯凡克试剂约0.5 mL，轻摇试管，阳性者于试剂层呈深红色；或加入欧－波试剂约0.5 mL，沿管壁流下，覆盖于培养液表面，阳性者于液面接触处呈玫瑰红色。

注意：蛋白胨中应含有丰富的色氨酸。每批蛋白胨买来后，应先用已知菌种鉴定后方可使用，此试剂在2 ℃～8 ℃条件下可储存一个月。

（二）增菌

以无菌操作取检样25 g（mL），加入装有无菌225 mL志贺氏菌增菌肉汤的均质杯，用旋转刀片式均质器以8000～10000 r/min均质；或加入装有225 mL志贺氏菌增菌肉汤的均质袋中，用拍击式均质器连续均质1～2 min，液体样品振荡混匀即可。样品于41.5 ℃厌氧培养16～20 h。

（三）分离

取增菌后的志贺氏增菌液分别划线接种于XLD琼脂平板和MAC琼脂平板或志贺氏菌显色培养基平板上，于36 ℃培养20～24 h，观察各个平板上生长的菌落形态。

宋内氏志贺氏菌的单个菌落直径大于其他志贺氏菌。若出现的菌落不典型或菌落较小不易观察，则继续培养至48 h再进行观察。志贺氏菌在不同选择性琼脂平板上的菌落特征见表2-13-1。

表2-13-1　志贺氏菌在不同选择性琼脂平板上的菌落特征

选择性琼脂平板	志贺氏菌的菌落特征
MAC琼脂	无色至浅粉红色，半透明、光滑、湿润、圆形、边缘整齐或不齐
XLD琼脂	粉红色至无色，半透明、光滑、湿润、圆形、边缘整齐或不齐

续 表

选择性琼脂平板	志贺氏菌的菌落特征
志贺氏菌显色培养基	按照显色培养基的说明进行判定

（四）初步生化试验

（1）在自选择性琼脂平板上分别挑取2个以上典型菌落或可疑菌落，分别接种TSI、半固体和营养琼脂斜面各一管，置于36℃±1℃培养20～24 h，分别观察结果。

（2）凡是三糖铁琼脂中斜面产碱、底层产酸（发酵葡萄糖，不发酵乳糖，蔗糖）不产气（福氏志贺氏菌6型可产生少量气体）、不产硫化氢、半固体管中无动力的菌株，挑取其在上述的营养琼脂斜面上生长的菌苔，进行生化试验和血清学分型。

（五）生化试验及附加生化试验

1. 生化试验

用上述初步生化试验中营养琼脂斜面上生长的菌苔，进行生化试验，即β-半乳糖苷酶、尿素、赖氨酸脱羧酶、鸟氨酸脱羧酶以及水杨苷和七叶苷的分解试验。除宋内氏志贺氏菌、鲍氏志贺氏菌13型的鸟氨酸阳性、宋内氏菌和痢疾志贺氏菌1型、鲍氏志贺氏菌13型的β-半乳糖苷酶为阳性以外，其余生化试验志贺氏菌属的培养物均为阴性结果。另外，由于福氏志贺氏菌6型的生化特性和痢疾志贺氏菌或鲍氏志贺氏菌相似，必要时还需加做靛基质、甘露醇、棉子糖、甘油试验，也可做革兰氏染色检查和氧化酶试验（结果应为氧化酶阴性的革兰氏阴性杆菌）。生化反应不符合的菌株即使能与某种志贺氏菌分型血清发生凝集，也不得判定为志贺氏菌属。志贺氏菌属生化特性见表2-13-2。

表2-13-2　志贺氏菌属四个群的生化特征

生化反应	A群：痢疾志贺氏菌	B群：福氏志贺氏菌	C群：鲍氏志贺氏菌	D群：宋内氏志贺氏菌
β-半乳糖苷酶	-[a]	-	-[a]	+
尿素	-	-	-	-
赖氨酸脱羧酶	-	-	-	-
鸟氨酸脱羧酶	-	-	-[b]	+

续 表

生化反应	A 群：痢疾志贺氏菌	B 群：福氏志贺氏菌	C 群：鲍氏志贺氏菌	D 群：宋内氏志贺氏菌
水杨苷	-	-	-	-
七叶苷	-	-	-	-
靛基质	-/+	(+)	-/+	-
甘露醇	-	+^{c}	+	+
棉子糖	-	+	-	+
甘油	(+)	-	(+)	d

注：+ 表示阳性；- 表示阴性；-/+ 表示多数阴性；+/- 表示多数阳性；（+）表示迟缓阳性；d 表示有不同生化型。

a. 痢疾志贺 1 型和鲍氏 13 型为阳性。
b. 鲍氏 13 型为鸟氨酸阳性。
c. 福氏 4 型和 6 型常见甘露醇阴性变种。

2.附加生化实验

由于某些不活泼的大肠埃希氏菌（anaerogenic E.coli）、A-D（Alkalescens-Disparbiotypes 碱性-异型）菌的部分生化特征与志贺氏菌相似，并能与某种志贺氏菌分型血清发生凝集，所以前面生化实验符合志贺氏菌属生化特性的培养物还需另加葡萄糖铵盐、西蒙氏柠檬酸盐、黏液酸盐试验（36 ℃培养 24～48 h）。志贺氏菌属和不活泼大肠埃希氏菌、A-D 菌的生化特性区别见表 2-13-3。

表 2-13-3 志贺氏菌属和不活泼大肠埃希氏菌、A-D 菌的生化特性区别

生化反应	A 群：痢疾志贺氏菌	B 群：福氏志贺氏菌	C 群：鲍氏志贺氏菌	D 群：宋内氏志贺氏菌	大肠埃希氏菌	A-D 菌
葡萄糖铵盐	-	-	-	-	+	+
西蒙氏柠檬酸盐	-	-	-	-	d	d
粘液酸盐	-	-	-	d	+	d

注：1.+ 表示阳性；- 表示阴性；d 表示有不同生化型。

2.在葡萄糖铵盐、西蒙氏柠檬酸盐、黏液酸盐试验三项反应中志贺氏菌一般为阴性，而不活泼的大肠埃希氏菌、A-D 菌至少有一项反应为阳性。

（六）血清学鉴定

1. 抗原的准备

志贺氏菌属没有动力，所以没有鞭毛抗原。志贺氏菌属主要有菌体 O 抗原。菌体 O 抗原又可分为型和群的特异性抗原。

一般采用 1.2% ～ 1.5% 琼脂培养物作为玻片凝集试验用的抗原。

注意：

（1）一些志贺氏菌如果因为 K 抗原的存在而不出现凝集反应时，可挑取菌苔于 1 mL 生理盐水做成浓菌液，于 100 ℃煮沸 15 ～ 60 min 去除 K 抗原后再检查。

（2）D 群志贺氏菌既可能是光滑型菌株，也可能是粗糙型菌株，与其他志贺氏菌群抗原不存在交叉反应。与肠杆菌科不同，宋内氏志贺氏菌粗糙型菌株不一定会自凝。宋内氏志贺氏菌没有 K 抗原。

2. 凝集反应

（1）在玻片上划出 2 个约 1 cm×2 cm 的区域，挑取一环待测菌，各放 1/2 环于玻片上的每一区域上部，在其中一个区域下部加 1 滴抗血清，在另一区域下部加入 1 滴生理盐水，作为对照。

（2）用无菌的接种环或接种针分别将两个区域内的菌落研成乳状液。将玻片倾斜摇动混合 1 min，并对着黑色背景进行观察。

如果抗血清中出现凝结成块的颗粒，而且生理盐水中没有发生自凝现象，那么凝集反应为阳性。

如果生理盐水中出现凝集，视为自凝。这时，应挑取同一培养基上的其他菌落继续进行试验。

如果待测菌的生化特征符合志贺氏菌属生化特征，而其血清学试验为阴性，则按上述抗原的准备步骤进行试验，煮沸去除 K 抗原后再检查。

五、实验结果与报告

综合以上生化试验和血清学鉴定的结果，报告 25 g（mL）样品中检出或未检出志贺氏菌。

六、思考题

（1）志贺氏菌属四个群的生化特征鉴定中 -/+ 现象的出现对我们进行生化鉴定提出怎样的思考？

（2）由于某些不活泼的大肠埃希氏菌（anaerogenic E.coli）、A-D（Alkalescens-Disparbiotypes 碱性-异型）菌的部分生化特征与志贺氏菌相似，在鉴定上除了实验十三的方法，查阅资料，你还能想到什么方法？

实验十四　单核细胞增生李斯特氏菌检验

一、实验目的

（1）概述单核细胞增生李斯特氏菌检测的意义。
（2）说出单核细胞增生李斯特氏菌检测原理。
（3）运用 GB 4789.30-2016《食品安全国家标准 食品微生物学检验 单核细胞增生李斯特氏菌检验》对食品进行单核细胞增生李斯特氏菌检验。
（4）养成求真求实的食品检验工作精神。

二、实验原理

单核细胞增生李斯特氏菌（Listeria monocytogenes）为革兰氏阳性短杆菌，直或稍弯，两端钝圆，常呈 V 字形排列，偶有球状、双球状，兼性厌氧、无芽胞，一般不形成荚膜，但在营养丰富的环境中可形成荚膜，在陈旧培养中的菌体可呈丝状及革兰氏阴性，该菌有 4 根周毛和 1 根端毛，但周毛易脱落。该菌触酶阳性，氧化酶阴性，能发酵多种糖类，产酸不产气。

它能引起人畜的李斯特氏菌的病，感染后主要表现为败血症、脑膜炎和单核细胞增多。它广泛存在于自然界中，食品中存在的单增李斯特氏菌对人类具有危险性，该菌在 4℃ 的环境中仍可生长繁殖，是冷藏食品威胁人类健康的主要病原菌之一，因此在食品卫生微生物检验中，必须加以重视。该菌可通过眼及破损皮肤、黏膜进入体内而造成感染，孕妇感染后通过胎盘或产道感染胎儿或新生儿，栖居于阴道、子宫颈的该菌也引起感染，性接触也是本病传播的可能途径，且有上升趋势。

本实验参考 GB 4789.30-2016《食品安全国家标准 食品微生物学检验 单核细胞增生李斯特氏菌检验》。

实验结束后，要对用过的耗材和平板培养基等进行无害化处理，防止污染。

三、实验材料

冰箱、厌氧培养装置、恒温培养箱、均质器、振荡器、电子天平、无菌三角瓶、膜过滤系统、无菌吸管或微量移液器及吸头、无菌培养皿、无菌试管、无菌毛细管、离心管、无菌注射器、pH 计或精密 pH 试纸、全自动微生物生化鉴定系统。

胰胨、多价胨、酵母膏、牛肉膏、NaCl、磷酸氢二钾、磷酸氢二钠、葡萄糖、七叶苷、萘啶酮酸、吖啶黄、柠檬酸铁铵、甘露醇、酪蛋白胰酶消化物、酚红、心胰酶消化物、肉胃酶消化物、玉米淀粉、氯化锂、多黏菌素 B、盐酸吖啶黄、头孢他啶、胰胨、多价胨、硫酸铁铵、硫代硫酸钠、甲基红、95% 乙醇、无水乙醇、α-萘酚、氢氧化钾、脱纤维羊血、溴麝香草酚蓝、革兰氏染色液、李斯特氏菌显色培养基、生化鉴定试剂盒。

冻肉或鲜肉、鲜奶。

四、实验步骤

（一）单核细胞增生李斯特氏菌定性检验

本方法适用于食品中单核细胞增生李斯特氏菌的定性检验，实验前需要根据图 2-14-1 所示，了解实验流程。

第二部分 综合检验实验

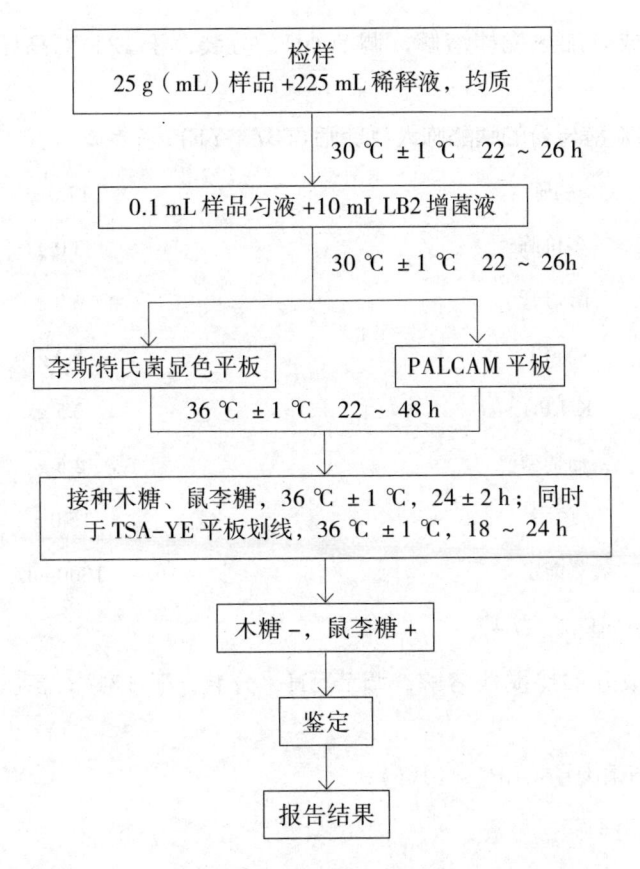

```
┌─────────────────────────────────┐
│          检样                    │
│ 25 g(mL)样品 +225 mL 稀释液,均质  │
└─────────────────────────────────┘
              │ 30 ℃ ±1 ℃  22~26 h
              ▼
┌─────────────────────────────────┐
│  0.1 mL 样品匀液 +10 mL LB2 增菌液 │
└─────────────────────────────────┘
              │ 30 ℃ ±1 ℃  22~26h
              ▼
┌──────────────┐    ┌──────────────┐
│ 李斯特氏菌显色平板 │    │  PALCAM 平板  │
└──────────────┘    └──────────────┘
              │ 36 ℃ ±1 ℃  22~48 h
              ▼
┌─────────────────────────────────────┐
│ 接种木糖、鼠李糖,36 ℃ ±1 ℃,24±2 h;同时│
│ 于 TSA-YE 平板划线,36 ℃ ±1 ℃,18~24 h │
└─────────────────────────────────────┘
              ▼
     ┌──────────────┐
     │ 木糖-,鼠李糖+  │
     └──────────────┘
              ▼
        ┌────────┐
        │  鉴定   │
        └────────┘
              ▼
        ┌────────┐
        │ 报告结果 │
        └────────┘
```

图 2-14-1　单核细胞增生李斯特氏菌定性检验流程

1. 配制培养基

（1）含 0.6% 酵母浸膏的胰酪胨大豆肉汤(TSB-YE)：

胰胨	17.0 g
多价胨	3.0 g
酵母膏	6.0 g
NaCl	5.0 g
KH_2PO_4	2.5 g
葡萄糖	2.5 g
蒸馏水	1000 mL

pH7.2~7.4

将上述各成分加热搅拌溶解，调节 pH，分装，于 121 ℃ 高压灭菌 15 min，备用。

（2）含 0.6% 酵母膏的胰酪胨大豆琼脂(TSA-YE)：

胰胨	17.0 g
多价胨	3.0 g
酵母膏	6.0 g
NaCl	5.0 g
KH_2PO_4	2.5 g
葡萄糖	2.5 g
琼脂	15.0 g
蒸馏水	1000 mL

pH7.2 ~ 7.4

将上述各成分加热搅拌溶解，调节 pH，分装，于 121 ℃ 高压灭菌 15 min，备用。

（3）李氏增菌肉汤（LB1，LB2）：

胰胨	5.0 g
多价胨	5.0 g
酵母膏	5.0 g
NaCl	20.0 g
KH_2PO_4	1.4 g
NaH_2PO_4	12.0 g
七叶苷	1.0 g
蒸馏水	1000 mL

pH7.2 ± 0.2

将上述成分加热溶解，调节 pH，分装，于 121 ℃ 高压灭菌 15 min，备用。

①李氏 I 液 (LB1) 225 mL 中加入 1% 萘啶酮酸（用 0.05 mol/L 氢氧化钠溶液配制）0.5 mL、1% 吖啶黄（用无菌蒸馏水配制）0.3 mL。

②李氏 II 液 (LB2) 200 mL 中加入 1% 萘啶酮酸 0.4 mL、1% 吖啶黄 0.5 mL。

（4）PALCAM 琼脂：

酵母膏	8.0 g
葡萄糖	0.5 g
七叶苷	0.8 g
柠檬酸铁铵	0.5 g
甘露醇	10.0 g
酚红	0.1 g
KCl	15.0 g
酪蛋白胰酶消化物	10.0 g
心胰酶消化物	3.0 g
玉米淀粉	1.0 g
肉胃酶消化物	5.0 g
NaCl	5.0 g
琼脂	15.0 g
蒸馏水	1000 mL

pH7.2 ~ 7.4

将上述成分加热溶解，调节 pH，分装，于 121 ℃高压灭菌 15 min，备用。

（5）PALCAM 选择性添加剂：

多黏菌素 B	5.0 mg
盐酸吖啶黄	2.5 mg
头孢他啶	10.0 mg
无菌蒸馏水	500 mL

将 PALCAM 基础培养基溶化后冷却至 50 ℃，加入 2 mL PALCAM 选择性添加剂，混匀后倾倒在无菌的培养皿中，备用。

（6）革兰氏染色液：

配制方法同实验十一 革兰氏染色。

（7）SIM 动力培养基：

胰胨	20.0 g
多价胨	6.0 g
硫酸铁铵	0.2 g
硫代硫酸钠	0.2 g
琼脂	3.5 g
蒸馏水	1000 mL

pH7.2

①将上述各成分加热混匀，调节 pH，分装小试管，于 121 ℃高压灭菌 15 min，备用。

②试验方法：试验时，挑取纯培养的单个可疑菌落穿刺接种到 SIM 培养基中，于 30 ℃培养 24～48 h，观察结果。

（8）缓冲葡萄糖蛋白胨水（MR 和 VP 试验用）：

多胨	7.0 g
葡萄糖	5.0 g
KH_2PO_4	5.0 g
蒸馏水	1000 mL

pH7.0

溶化后调节 pH，分装试管，每管 1 mL，于 121 ℃高压灭菌 15 min，备用。

（9）甲基红（MR）试验：

甲基红	10 mg
95％乙醇	30 mL
蒸馏水	20 mL

① 10 mg 甲基红溶于 30 mL 95％乙醇中，然后加入 20 mL 蒸馏水。

②试验方法：取适量琼脂培养物接种于缓冲葡萄糖蛋白胨水，于 36 ℃±1 ℃培养 2～5 d。滴加甲基红试剂 1 滴，立即观察结果。鲜红色为阳性，黄色为阴性。

(10) V-P 试验：

6.0% α-萘酚溶液：

α-萘酚	6.0 g
无水乙醇	100 mL

取 α-萘酚 6.0 g，加无水乙醇溶解，定容至 100 mL。

40% 氢氧化钾溶液：

氢氧化钾	40 g
蒸馏水	100 mL

取氢氧化钾 40 g，加蒸馏水溶解，定容至 100 mL。

试验方法：试验时，取适量琼脂培养物接种于缓冲葡萄糖蛋白胨水培养基，于 36 ℃培养 2~4 d。加入 6% α-萘酚-乙醇溶液 0.5 mL 和 40% 氢氧化钾溶液 0.2 mL，充分振摇试管，观察结果。阳性反应立刻或于数分钟内出现红色，如为阴性，应放在 36 ℃±1 ℃继续培养 4 h 再进行观察。

(11) 血琼脂：

蛋白胨	1.0 g
牛肉膏	0.3 g
NaCl	0.5 g
琼脂	1.5 g
蒸馏水	100 mL
脱纤维羊血	5~10 mL

除新鲜脱纤维羊血外，加热溶化上述各组分，于 121 ℃高压灭菌 15 min，冷却至 50 ℃，以无菌操作加入新鲜脱纤维羊血，摇匀，倾注平板。

(12) 糖发酵管：

牛肉膏	5.0 g
蛋白胨	10.0 g
NaCl	3.0 g
$Na_2HPO_4 \cdot 12H_2O$	2.0 g
0.2% 溴麝香草酚蓝溶液	12.0 mL

蒸馏水　　　　　　　　　　　　　　　　　　1000 mL
pH7.4

配置方法：葡萄糖发酵管按上述成分配好后，按 0.5% 加入葡萄糖，分装于有一个倒置小管的小试管内，调节 pH，于 115 ℃高压灭菌 15 min，备用。其他各种糖发酵管可按上述成分配好后，分装，每瓶 100 mL，于 115 ℃高压灭菌 15 min。另将各种糖类分别配好 10% 溶液，同时高压灭菌。将 5 mL 糖溶液加入 100 mL 培养基内，以无菌操作分装小试管。

试验方法：试验时，取适量纯培养物接种于糖发酵管，于 36 ℃±1 ℃培养 24～48 h，观察结果，蓝色为阴性，黄色为阳性。

（13）过氧化氢酶试验：

配置方法：3% 过氧化氢溶液，临用时配制。

试验方法：试验时，用细玻璃棒或一次性接种针挑取单个菌落，置于洁净试管内，滴加 3% 过氧化氢溶液 2 mL，观察结果。于半分钟内产生气泡者为阳性，不产生气泡者为阴性。

2. 增菌

（1）以无菌操作取样品 25 g（mL）加入含有 225 mL LB1 增菌液的均质袋中，在拍击式均质器上连续均质 1～2 min；或放入盛有 225 mL LB1 增菌液的均质杯中，以 8000～10000 r/min 均质 1～2 min。于 30 ℃±1 ℃培养 24 h。

（2）移取 0.1 mL，转种于 10 mL LB2 增菌液内，于 30 ℃培养 18～24 h。

3. 分离

（1）取 LB2 二次增菌液划线接种于 PALCAM 琼脂平板和李斯特氏菌显色培养基上，于 36 ℃培养 24～48 h。

（2）观察各个平板上生长的菌落。典型菌落在 PALCAM 琼脂平板上为小的圆形灰绿色菌落，周围有棕黑色水解圈，有些菌落有黑色凹陷；典型菌落在李斯特氏菌显色培养基上的特征按照产品说明进行判定。

4. 初筛

（1）自选择性琼脂平板上分别挑取 5 个以上典型菌落或可疑菌落，分别接种在木糖、鼠李糖发酵管，于 36 ℃培养 24 h；同时在 TSA-YE 平板上划线纯化，于 30 ℃培养 24～48 h。

（2）选择木糖阴性、鼠李糖阳性的纯培养物继续进行鉴定。

5.鉴定

(1)染色镜检:

李斯特氏菌为革兰氏阳性短杆菌,大小为 0.4～0.5 μm×0.5～2.0 μm。

用生理盐水制成菌悬液,在油镜或相差显微镜下观察,该菌出现轻微旋转或翻滚样的运动。

(2)动力试验:

挑取纯培养的单个可疑菌落穿刺半固体或 SIM 动力培养基,于 25～30 ℃培养 48 h,李斯特氏菌有动力,在半固体或 SIM 培养基上方呈伞状生长,如伞状生长不明显,可继续培养 5 d,再观察结果。

(3)生化鉴定:

挑取纯培养的单个可疑菌落,进行过氧化氢酶试验,过氧化氢酶阳性反应的菌落继续进行糖发酵试验和 MR-VP 试验。单核细胞增生李斯特氏菌的主要生化特征见表 2-14-1。

表 2-14-1 单核细胞增生李斯特氏菌生化特征与其他李斯特氏菌的区别

菌　种	溶血反应	葡萄糖	麦芽糖	MR-VP	甘露醇	鼠李糖	木　糖	七叶苷
单核细胞增生李斯特氏菌 (L. monocytogenes)	+	+	+	+/+	-	+	-	+
格氏李斯特氏菌 (L. grayi)	-	+	+	+/+	+	-	-	+
斯氏李斯特氏菌 (L. seeligeri)	+	+	+	+/+	-	-	+	+
威氏李斯特氏菌 (L. welshimeri)	-	+	+	+/+	-	V	+	+
伊氏李斯特氏菌 (L. ivanovii)	+	+	+	+/+	-	-	+	+
英诺克李斯特氏菌 (L. innocua)	-	+	+	+/+	-	V	-	+

注:+表示阳性;-表示阴性;V 表示反应不定。

（4）溶血试验：

将羊血琼脂平板底面划分为 20～25 个小格，挑取纯培养的单个可疑菌落刺种到血平板上，每格刺种一个菌落，并刺种阳性对照菌（单增李斯特氏菌和伊氏李斯特氏菌）和阴性对照菌（英诺克李斯特氏菌），穿刺时尽量接近底部，但不要触到底面，同时避免琼脂破裂，于 36℃±1℃培养 24～48 h，于明亮处观察，单增李斯特氏菌和斯氏李斯特氏菌在刺种点周围产生狭小的透明溶血环，英诺克李斯特氏菌无溶血环，伊氏李斯特氏菌产生大的透明溶血环。

（5）协同溶血试验 cAMP（可选项目）：

在羊血琼脂平板上平行划线接种金黄色葡萄球菌和马红球菌，挑取纯培养的单个可疑菌落垂直划线接种于平行线之间，垂直线两端不要触及平行线，距离 1～2 mm，同时接种单核细胞增生李斯特氏菌、英诺克李斯特氏菌、伊氏李斯特氏菌和斯氏李斯特氏菌，于 36±1℃培养 24～48 h。单核细胞增生李斯特氏菌在靠近金黄色葡萄球菌处出现约 2 mm 的 β-溶血增强区域，斯氏李斯特氏菌也出现微弱的溶血增强区域，伊氏李斯特氏菌在靠近马红球菌处出现约 5～10 mm 的"箭头状" β-溶血增强区域，英诺克李斯特氏菌不产生溶血现象。若结果不明显，可置于 4℃冰箱 24～48 h 再观察。

注意：5%～8% 的单核细胞增生李斯特氏菌在马红球菌一端有溶血增强现象。

（二）单核细胞增生李斯特氏菌平板计数法

本方法适用于单核细胞增生李斯特氏菌含量较高的食品中单核细胞增生李斯特氏菌的计数，平板计数实验流程如图 2-14-2 所示。

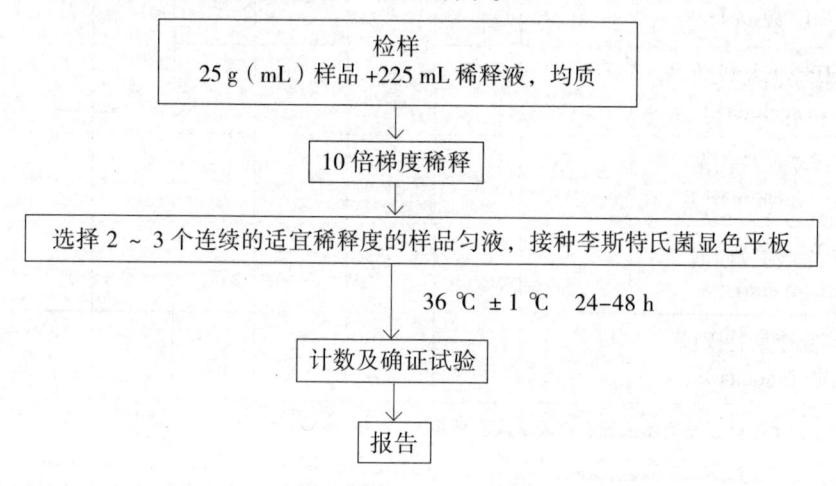

图 2-14-2　单核细胞增生李斯特氏菌平板计数实验流程

1. 样品的稀释

（1）以无菌操作称取样品25g（mL），放入盛有225 mL 缓冲蛋白胨水或无添加剂的LB肉汤的无菌均质袋（或均质杯）内，在拍击式均质器上连续均质1～2 min或以8000～10000 r/min均质1～2 min。液体样品，振荡混匀，制成1:10的样品匀液。

（2）用1 mL无菌吸管或微量移液器吸取1:10样品匀液1 mL，管壁缓慢注于盛有9 mL缓冲蛋白胨水或无添加剂的LB肉汤的无菌试管中，振摇试管或换用1支1 mL无菌吸管反复吹打使其混合均匀，制成1:100的样品匀液。

（3）按上述操作程序，制备10倍系列稀释样品匀液。每递增稀释1次，换用1支1 mL无菌吸管或吸头。

注意：吸管或吸头尖端不要触及稀释液面。

2. 样品的接种

根据对样品污染状况的估计，选择2～3个适宜连续稀释度的样品匀液（液体样品可包括原液），每个稀释度的样品匀液分别吸取1 mL以0.3 mL、0.3 mL、0.4 mL的接种量分别加入3个李斯特氏菌显色平板，用无菌涂布棒涂布整个平板，注意不要触及平板边缘。使用前，若琼脂平板表面有水珠，可放在25 ℃～50 ℃的培养箱里干燥，直到平板表面的水珠消失。

3. 培养

通常情况下，涂布后将平板静置10 min，若样液不易吸收，可将平板放在培养箱中，于36 ℃±1 ℃培养1 h；等样品匀液吸收后翻转培养皿，倒置于培养箱，于36 ℃±1 ℃，培养24～48 h。

4. 典型菌落计数和确认

（1）单核细胞增生李斯特氏菌在李斯特氏菌显色平板上的菌落特征以产品说明为准。

（2）选择有典型单核细胞增生李斯特氏菌菌落的平板，且同一稀释度3个平板所有菌落数合计在15～150 CFU之间的平板，计数典型菌落数。

①只有一个稀释度的平板菌落数在15～150 CFU之间且有典型菌落，应计数该稀释度平板上的典型菌落。

②所有稀释度的平板菌落数均小于15 CFU且有典型菌落，应计数最低稀释度平板上的典型菌落。

③某一稀释度的平板菌落数大于150 CFU且有典型菌落，但下一稀释度平板上

没有典型菌落，应计数该稀释度平板上的典型菌落。

④所有稀释度的平板菌落数大于 150 CFU 且有典型菌落，应计数最高稀释度平板上的典型菌落。

⑤所有稀释度的平板菌落数均不在 15～150 CFU 之间且有典型菌落，其中一部分小于 15 CFU 或大于 150 CFU 时，应计数最接近 15 CFU 或 150 CFU 的稀释度平板上的典型菌落。

以上按式（2-14-1）计算。

⑥两个连续稀释度的平板菌落数均在 15～150 CFU 之间，按式(2-14-2)计算。

（3）从典型菌落中任选 5 个菌落（小于 5 个全选），分别按（一）单核细胞增生李斯特氏菌定性检验的步骤 4 和步骤 5 进行初筛和鉴定。

5. 结果计算

$$T = \frac{AB}{Cd} \qquad (2\text{-}14\text{-}1)$$

式中：

T——样品中单核细胞增生李斯特氏菌的菌落数；

A——某一稀释度典型菌落的总数；

B——某一稀释度确证为单核细胞增生李斯特氏菌的菌落数；

C——某一稀释度用于单核细胞增生李斯特氏菌确证试验的菌落数；

d——稀释因子。

$$T = \frac{A_1 B_1 / C_1 + A_2 B_2 / C_2}{1.1 d} \qquad (2\text{-}14\text{-}2)$$

式中：

T——样品中单核细胞增生李斯特氏菌的菌落数；

A_1——第一稀释度（低稀释倍数）典型菌落的总数；

B_1——第一稀释度（低稀释倍数）确证为单核细胞增生李斯特氏菌的菌落数；

C_1——第一稀释度（低稀释倍数）用于单核细胞增生李斯特氏菌确证试验的菌落数；

A_2——第二稀释度（高稀释倍数）典型菌落的总数；

B_2——第二稀释度（高稀释倍数）确证为单核细胞增生李斯特氏菌的菌落数；

C_2——第二稀释度（高稀释倍数）用于单核细胞增生李斯特氏菌确证试验的菌落数；

1.1——计算系数；

d——稀释因子（第一稀释度）。

(三)单核细胞增生李斯特氏菌 MPN 计数法

本方法适用于单核细胞增生李斯特氏菌含量较低(<100 CFU/g)而杂菌含量较高的食品中单核细胞增生李斯特氏菌的计数,特别是牛奶、水以及含干扰菌落计数的颗粒物质的食品。单核细胞增生李斯特氏菌 MPN 计数法检验流程如图 2-14-3 所示。

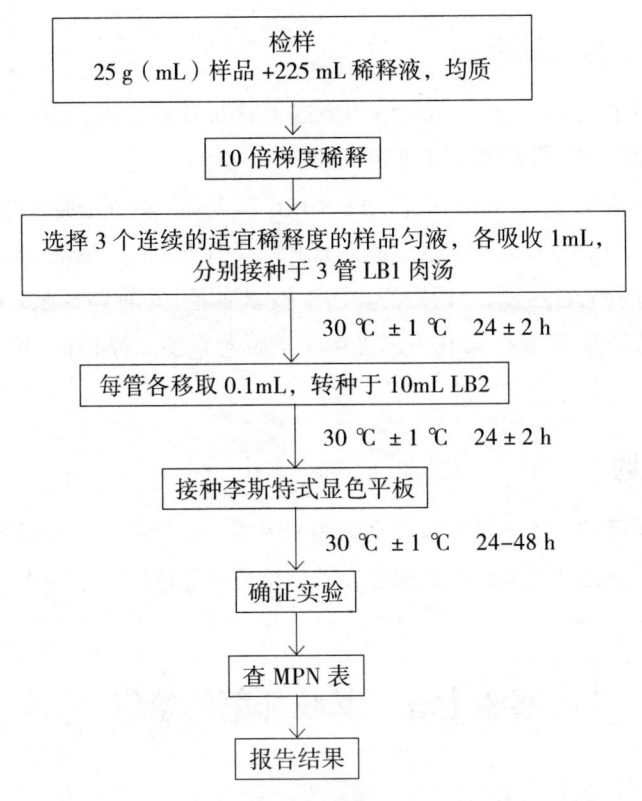

```
┌─────────────────────────────────────┐
│              检样                   │
│  25 g(mL)样品 +225 mL 稀释液,均质   │
└─────────────────────────────────────┘
                  │
           ┌──────────────┐
           │ 10 倍梯度稀释 │
           └──────────────┘
                  │
    ┌─────────────────────────────────┐
    │ 选择 3 个连续的适宜稀释度的样品匀液,各吸收 1mL, │
    │     分别接种于 3 管 LB1 肉汤     │
    └─────────────────────────────────┘
                  │  30 ℃ ±1 ℃  24±2 h
    ┌─────────────────────────────────┐
    │ 每管各移取 0.1mL,转种于 10mL LB2 │
    └─────────────────────────────────┘
                  │  30 ℃ ±1 ℃  24±2 h
        ┌──────────────────┐
        │ 接种李斯特式显色平板 │
        └──────────────────┘
                  │  30 ℃ ±1 ℃  24-48 h
             ┌─────────┐
             │ 确证实验 │
             └─────────┘
                  │
             ┌─────────┐
             │ 查 MPN 表 │
             └─────────┘
                  │
             ┌─────────┐
             │ 报告结果 │
             └─────────┘
```

图 2-14-3 单核细胞增生李斯特氏菌 MPN 计数检验流程

1. 样品的稀释

按照(一)单核细胞增生李斯特氏菌定性检验步骤 2(1)进行稀释。

2. 接种和培养

(1)根据对样品污染状况的估计,选取 3 个适宜连续稀释度的样品匀液(液体样品可包括原液)接种于 10 mL LB1 肉汤,每一稀释度接种 3 管,每管接种 1 mL(如果接种量需要超过 1 mL,则用双料 LB1 增菌液)于 30 ℃ ±1 ℃培养 24±2 h。

(2)每管各移取 0.1 mL,转种于 10 mL LB2 增菌液内,于 30 ℃ ±1 ℃ 培养 24±2 h。

（3）用接种环从各管中移取1环，接种李斯特氏菌显色平板，于36℃±1℃培养24～48 h。

3.确证试验

自每个平板上挑取5个典型菌落（5个以下全选），分别按照（一）单核细胞增生李斯特氏菌定性检验步骤4和步骤5进行初筛和鉴定。

五、实验结果与报告

（1）若用实验方法（一）：综合生化试验和溶血试验结果，报告25 g（mL）样品中检出或未检出单核细胞增生李斯特氏菌。

（2）若用实验方法（二）：报告每g（mL）样品中单核细胞增生李斯特氏菌的菌数，以CFU/g（mL）表示；如T值为0，则以小于1乘以最低稀释倍数报告。

（3）若用实验方法（三）：根据证实为单核细胞增生李斯特氏菌阳性的试管管数，查MPN检索表，报告每g（mL）样品中单核细胞增生李斯特氏菌的最可能数，以MPN/g（mL）表示。

六、思考题

（1）对致病菌的检测，从实验安全的角度考虑，应该注意哪些事项？
（2）三种检验方法各有什么优缺点？根据检测的具体应用来回答。

实验十五　双歧杆菌的鉴定

一、实验目的

（1）简述双歧杆菌的生物学功能。
（2）参考国标GB 4789.34-2016《食品安全国家标准 食品微生物学检验 双歧杆菌检验》对食品中双歧杆菌进行鉴定。
（3）养成求真求实的食品检验工作作风。

二、实验原理

双歧杆菌属（Bifidobacterium）是一群G^+、不运动、不形成芽孢、严格厌氧的细菌。细胞形态多样，包括短杆状、近球状、长弯杆状、分枝状等。双歧杆菌属的细菌是人和动物肠道菌群的重要组成成员之一。一些双歧杆菌的菌株可以作为益生菌被广泛应用到乳制品、微生态制剂等食品、医药和饲料中。

双歧杆菌菌落较小，表面光滑、凸圆、边缘完整，呈乳脂色至白色，最适生长温度为 37 ℃～ 41 ℃。初始生长最适 pH 为 6.5～7.0，生长 pH 范围一般为 4.5～8.5。通过异型乳酸发酵的双歧杆菌途径进行糖代谢，特点是利用葡萄糖产乙酸和乳酸，不产生 CO_2，其中果糖 -6- 磷酸解酮酶是关键酶，在分类鉴定中，可用以区分与双歧杆菌近似的几个属。

三、实验材料

厌氧培养装置、恒温培养箱、均质器、振荡器、电子天平、无菌三角瓶、膜过滤系统、无菌吸管或微量移液器及吸头、无菌培养皿、无菌试管、无菌毛细管、离心管、无菌注射器、pH 计或精密 pH 试纸、气相色谱仪配 FID 检测器。

蛋白胨、酵母浸膏、葡萄糖、可溶性淀粉、NaCl、西红柿浸出液、吐温 80、肝粉、维生素 K_1、琼脂粉、半胱氨酸 -HCl、氯化血红素、氯化钙、硫酸镁、磷酸氢二钾、磷酸二氢钾、碳酸氢钠、NaCl、甲醇、三氯甲烷、硫酸、冰乙酸、乳酸、乙酸、乳酸。

四、实验步骤

实验前先熟悉双歧杆菌的检验程序，加深对实验过程的理解。双歧杆菌检验流程如图 2-15-1 所示。

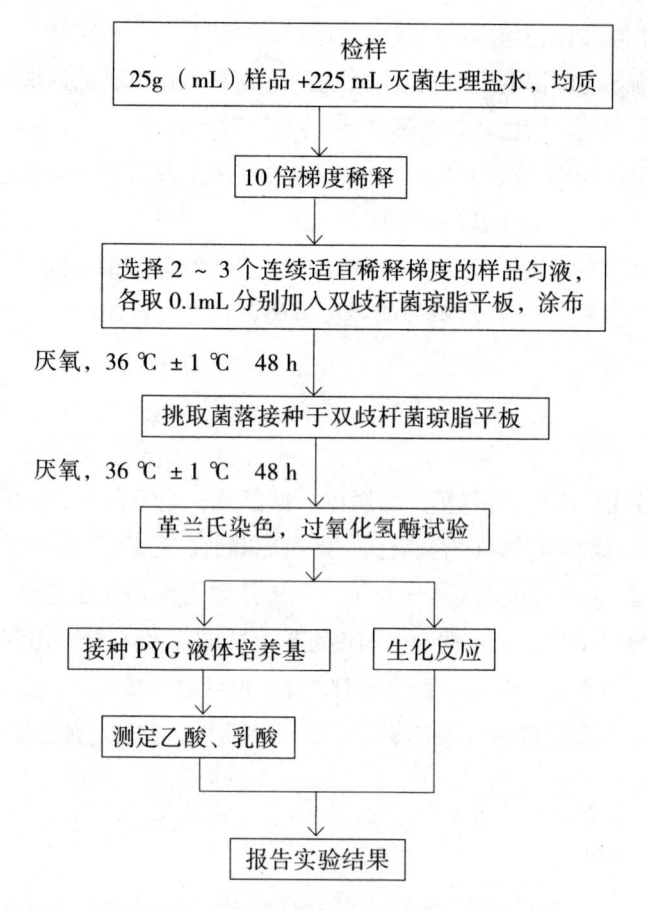

```
                    检样
    25g（mL）样品 +225 mL 灭菌生理盐水，均质
                      ↓
                10 倍梯度稀释
                      ↓
    选择 2～3 个连续适宜稀释梯度的样品匀液，
    各取 0.1mL 分别加入双歧杆菌琼脂平板，涂布
                      ↓  厌氧，36℃±1℃ 48 h
          挑取菌落接种于双歧杆菌琼脂平板
                      ↓  厌氧，36℃±1℃ 48 h
             革兰氏染色，过氧化氢酶试验
                   ↓         ↓
           接种 PYG 液体培养基   生化反应
                   ↓             ↓
             测定乙酸、乳酸
                           ↓
                      报告实验结果
```

图 2-15-1 双歧杆菌的检验鉴定程序

（一）双歧杆菌的鉴定

1. 配制培养基

（1）双歧杆菌琼脂培养基：

蛋白胨	15.0 g
酵母浸膏	2.0 g
葡萄糖	20.0 g
可溶性淀粉	0.5 g
NaCl	5.0 g
西红柿浸出液	400.0 mL

吐温 80	1.0 mL
肝粉	0.3 g
琼脂粉	15.0～20.0 g
蒸馏水	总体积 10000 mL

pH 6.8±0.2

①半胱氨酸盐溶液，称取半胱氨酸 0.5 g，加入 1.0 mL 盐酸，使半胱氨酸全部溶解，配制成半胱氨酸盐溶液。

②西红柿浸出液，将新鲜的西红柿洗净后称重切碎，加等量的蒸馏水在 100 ℃水浴中加热，搅拌 90 min，然后用纱布过滤，调整 pH7.0，将浸出液分装后，于 121 ℃高压灭菌 15～20 min。

③将表中所有成分加入蒸馏水中，加热溶解，然后加入半胱氨酸盐溶液，调整。分装后，于 121 ℃高压灭菌 15～20 min。临用时加热熔化琼脂，冷却至 50 ℃时使用。

（2）PYG 液体培养基：

蛋白胨	10.0 g
葡萄糖	2.5 g
酵母粉	5.0 g
半胱氨酸 –HCl	0.25 g
盐溶液	20.0 mL
维生素 K_1 溶液	0.5 mL
氯化血红素溶液	5 mg/mL 2.5 mL
加蒸馏水至	500.0 mL

①盐溶液，称取无水氯化钙 0.2 g、硫酸镁 0.2 g、磷酸氢二钾 1.0 g、磷酸二氢钾 1.0 g、碳酸氢钠 10.0 g、NaCl 2.0 g，加蒸馏水至 1000 mL。

②氯化血红素溶液（5 mg/mL），称取氯化血红素 0.5 g 溶于 1 mol/L 氢氧化钠 1.0 mL 中，加蒸馏水至 1000 mL，于 121 ℃高压灭菌 15～20 min。

③维生素 K_1 溶液，称取维生素 K_1 1.0 g，加无水乙醇 99 mL，过滤除菌，冷藏保存。

④在培养基配制过程中，除氯化血红素溶液和维生素 K_1 溶液外，其余成分加入

蒸馏水中，加热溶解，调整 pH6.0，加入中性红溶液。分装后，于 121 ℃高压灭菌 15～20 min。临用时加热熔化琼脂，加入氯化血红素溶液和维生素 K_1 溶液，冷却至 50 ℃使用。

2. 样品处理

取样 25.0 g（mL），置于装有 225.0 mL 生理盐水的灭菌锥形瓶或均质袋内，以 8000～10000 r/min 均质 1～2 min，或用拍击式均质器拍打 1～2 min，制成 1:10 的样品匀液。冷冻样品可在 2 ℃～5 ℃条件下解冻，时间不超过 18 h，也可在温度不超过 45 ℃的条件下解冻，时间不超过 15 min。

3. 样品稀释

用 1 mL 无菌吸管或微量移液器吸取 1:10 样品匀液 1.0 mL，沿管壁缓慢注于装有 9 mL 生理盐水的无菌试管中，振摇试管或换用 1 支无菌吸管反复吹打使其混合均匀，制成 1:100 的样品匀液。

另取 1 mL 无菌吸管或微量移液器吸头，按上述操作顺序，做 10 倍递增样品匀液，每递增稀释一次，即换用 1 次 1 mL 灭菌吸管或吸头。

4. 接种或涂布

将上述样品匀液接种在双歧杆菌琼脂平板或 MRS 琼脂平板，或取 0.1 mL 适当稀释度的样品匀液均匀涂布在双歧杆菌琼脂平板或 MRS 琼脂平板，于 36 ℃±1 ℃厌氧培养 48±2 h，可延长至 72±2 h。

5. 厌氧培养

挑取 3 个或以上的单个菌落接种于双歧杆菌琼脂平板或 MRS 琼脂平板，于 36 ℃±1 ℃厌氧培养 48±2h，可延长至 72±2h。

6. 涂片镜检

挑取双歧杆菌平板或 MRS 平板上生长的双歧杆菌单个菌落进行染色。双歧杆菌为革兰氏染色阳性，呈短杆状、纤细杆状或球形，可形成各种分支或分叉等多形态，不抗酸，无芽孢，无动力。

7. 生化鉴定

挑取双歧杆菌平板或 MRS 平板上生长的双歧杆菌单个菌落，进行生化反应检测。过氧化氢酶试验为阴性。双歧杆菌的主要生化反应见表 2-15-1。可选择生化鉴定试剂盒或全自动微生物生化鉴定系统。

表 2-15-1 双歧杆菌的主要生化反应

编号	项目	两歧双歧杆菌	婴儿双歧杆菌	长双歧杆菌	青春双歧杆菌	动物双歧杆菌	短双歧杆菌
1	甘油	-	-	-	-	-	-
2	赤藓醇	-	-	-	-	-	-
3	D-阿拉伯糖	-	-	-	-	-	-
4	L-阿拉伯糖	-	-	+	+	+	-
5	D-核糖	-	+	-	+	+	+
6	D-木糖	-	+	+	d	+	+
7	L-木糖	-	-	-	-	-	-
8	阿东醇	-	-	-	-	-	-
9	β-甲基-D-木糖苷	-	-	-	-	-	-
10	D-半乳糖	d	+	+	+	d	+
11	D-葡萄糖	+	+	+	+	+	+
12	D-果糖	d	+	+	d	d	+
13	D-甘露糖	-	+	+	-	-	-
14	L-山梨糖	-	-	-	-	-	-
15	L-鼠李糖	-	-	-	-	-	-
16	卫矛醇	-	-	-	-	-	-
17	肌醇	-	-	-	-	-	+
18	甘露醇	-	-	-	-	-	-
19	山梨醇	-	-	-	-	-	-
20	α-甲基-D-甘露糖苷	-	-	-	-	-	-
21	α-甲基-D-葡萄糖苷	-	-	+	-	-	-
22	N-乙酰-葡萄糖胺	-	-	-	-	-	+

续表

编号	项目	两歧双歧杆菌	婴儿双歧杆菌	长双歧杆菌	青春双歧杆菌	动物双歧杆菌	短双歧杆菌
23	苦杏仁苷（扁桃苷）	-	-	-	+	+	-
24	熊果苷	-	-	-	-	-	-
25	七叶灵	-	-	+	+	+	-
26	水杨苷（柳醇）	-	+	-	+	+	-
27	D-纤维二糖	-	+	-	d		
28	D-麦芽糖	-	+	+	+	+	+
29	D-乳糖	+	+	+	+	+	+
30	D-蜜二糖	-	+	+	+	+	+
31	D-蔗糖	-	+	+	+	+	+
32	D-海藻糖（覃糖）	-	-	-	-	-	-
33	菊糖（菊根粉）						
34	D-松三糖	-	-	+	+	-	-
35	D-棉籽糖	-	+	+	+	+	+
36	淀粉	-	-	-	+	-	-
37	肝糖（糖原）	-	-	-	-	-	-
38	木糖醇	-	-	-	-	-	-
39	龙胆二糖	-	+	-	+	+	+
40	D-松二糖	-	-	-	-	-	-
41	D-来苏糖	-	-	-	-	-	-
42	D-塔格糖	-	-	-	-	-	-
43	D-岩糖	-	-	-	-	-	-
44	L-岩糖	-	-	-	-	-	-

续 表

编号	项 目	两歧双歧杆菌	婴儿双歧杆菌	长双歧杆菌	青春双歧杆菌	动物双歧杆菌	短双歧杆菌
45	D-阿糖醇	-	-	-	-	-	-
46	L-阿糖醇	-	-	-	-	-	-
47	葡萄糖酸钠	-	-	-	+	-	-
48	2-酮基-葡萄糖酸钠	-	-	-	-	-	-
49	5-酮基-葡萄糖酸钠	-	-	-	-	-	-

注：+表示 90% 以上菌株阳性；-表示 90% 以上菌株阴性；d 表示 11%～89% 以上菌株阳性。

（二）双歧杆菌的计数

1. 样品处理

取样 25.0g（mL），置于装有 225.0 mL 生理盐水的灭菌锥形瓶或均质袋内，以 8000～10000 r/min 均质 1～2 min，或用拍击式均质器拍打 1～2 min，制成 1:10 的样品匀液。冷冻样品可在 2℃～5℃条件下解冻，时间不超过 18h，也可在温度不超过 45℃的条件下解冻，时间不超过 15 min。

2. 系列稀释及培养

（1）用 1 mL 无菌吸管或微量移液器，制备 10 倍系列稀释样品匀液。每递增稀释一次，即换用 1 次 1 mL 灭菌吸管或吸头。

（2）根据对样品浓度的估计，选择 2～3 个适宜稀释度的样品匀液，在进行 10 倍递增稀释时，吸取 1.0 mL 样品匀液于无菌培养皿内，每个稀释度做两个培养皿。

（3）分别吸取 1.0mL 空白稀释液加入两个无菌培养皿内进行空白对照。

（4）样品和空白取样后，将 15～20 mL 冷却至 46℃的双歧杆菌琼脂培养基或 MRS 琼脂培养基（可放置于 46℃±1℃恒温水浴箱中保温）倾注培养皿，并转动培养皿使其混合均匀。从样品稀释到平板倾注要求在 15 min 内完成。

（5）待琼脂凝固后，将平板翻转，于 36℃±1℃厌氧培养 48±2 h，可延长至 72±2 h，培养后计数平板上的所有菌落数。

3. 菌落计数

（1）可用肉眼观察，必要时用放大镜或菌落计数器，记录稀释倍数和相应的菌落数量。菌落计数以菌落形成单位（colony-forming units, CFU）表示。

（2）选取菌落数在 30～300 CFU 之间、无蔓延菌落生长的平板计数菌落总数。低于 30 CFU 的平板记录具体菌落数，大于 300 CFU 的可记录为"多不可计"。每个稀释度的菌落数应采用两个平板的平均数。

（3）其中一个平板有较大片状菌落生长时，则不宜采用，而应以无片状菌落生长的平板作为该稀释度的菌落数；若片状菌落不到平板的一半，其余一半菌落分布又很均匀，即可计算半个平板后乘以 2，代表一个平板菌落数。

（4）当平板上出现菌落间无明显界线的链状生长时，则将每条单链作为一个菌落计数。

4. 结果计算

（1）若只有一个稀释度平板上的菌落数在适宜计数范围内，计算两个平板菌落数的平均值，再将平均值乘以相应稀释倍数，作为每克或每毫升中菌落总数结果。

（2）若有两个连续稀释度的平板菌落数在适宜计数范围内时，按式（2-15-1）计算：

$$N = \frac{\sum C}{(n_1 + 0.1 n_2)d} \quad (2\text{-}15\text{-}1)$$

式中：

N——样品中菌落数；

$\sum C$——平板（含适宜范围菌落数的平板）菌落数之和；

n_1——第一稀释度（低稀释倍数）平板个数；

n_2——第二稀释度（高稀释倍数）平板个数；

d——稀释因子（第一稀释度）。

（3）若所有稀释度的平板上菌落数均大于 300 CFU，则对稀释度最高的平板进行计数，其他平板可记录为"多不可计"，结果按平均菌落数乘以最高稀释倍数计算。

（4）若所有稀释度的平板菌落数均小于 30 CFU，则应按稀释度最低的平均菌落数乘以稀释倍数计算。

（5）若所有稀释度（包括液体样品原液）平板均无菌落生长，则以小于 1 乘以最低稀释倍数计算。

（6）若所有稀释度的平板菌落数均不在 30～300 CFU 之间，其中一部分小于

30 CFU 或大于 300 CFU 时，则以最接近 30 CFU 或 300 CFU 的平均菌落数乘以稀释倍数计算。

五、实验结果与报告

实验（一）：根据镜检及生化鉴定的结果，报告双歧杆菌属的种名。

实验（二）：根据双歧杆菌菌落计数结果报告双歧杆菌的含量。

（1）菌落数小于 100 CFU 时，按"四舍五入"原则修约，以整数报告。

（2）菌落数大于或等于 100 CFU 时，第 3 位数字采用"四舍五入"原则修约后，取前两位数字，后面用 0 代替位数；也可用 10 的指数形式来表示，按"四舍五入"原则修约后，采用两位有效数字。

（3）称重取样以 CFU/g 为单位报告，体积取样以 CFU/mL 为单位报告。

六、思考题

（1）双歧杆菌有哪些生物学功能？查阅文献进行说明。

（2）查阅资料说明半胱氨酸在双歧杆菌培养基中的作用是什么？

第三部分　创新研究性实验

第三部分为研究性实验，属于学生自主设计实验部分，旨在培养学生创造性思维，提高学生创新精神和创新能力。目前，对于创新能力的培养已成为各个高校推崇的人才培养方向。食品微生物学为学生打开了一道认识新世界的大门，学生学习研究食品微生物的兴趣浓厚，教师可选择2~3个实验，让学生进行科研锻炼，从而提高学生的创新能力。产细菌素菌株的筛选代表了抗生素替代品发展的新方向；红枣果酒的酿制代表了开发特色地方食品资源的新领域；泡菜中发酵微生物的分离和功能测定开发代表了我们对传统食品资源进行开发走标准化生产道路，等等。学生可借鉴思路根据实际情况进行内容调整。

通过前面基础实验所学的基本技能和检验实验的综合锻炼，学生的食品微生物学实验能力有了很大提高，可独立或在教师引导下开展本部分实验。本部分设有实验提示，学生可查阅资料，拟定实验的具体方向与方法，自主设计实验，对科学问题进行研究。通过这部分综合实验，在知识目标方面，学生不仅能开阔视野，还能获得更广泛的微生物学，以及与其他学科交叉的知识；在技能目标方面，学生能进一步提高操作技能和创新能力；在情感态度和价值观目标方面，学生通过分析问题，查阅文献，制订计划，解决问题，提高其自身不怕困难、团结协作、勇于科学钻研的能力，提升对环境保护、可持续发展等国家政策的认同和理解。学生既可以将该部分实验作为开展科技文化竞赛的选题，又可以为将来走上工作岗位后，解决卫生检验、生产菌种选育、开发新产品、倡导绿色可持续发展等方面的问题，提供一定的思路。

思政触点五：苯污染物降解菌的分离和培养实验——重视环境保护，从自身做起，勇担社会责任，践行"四个自信"，做到家国情怀的统一。

在苯污染物降解菌的分离和培养实验中，实验小组通过对利用微生物降解有毒害物质研究现状调研和自主实验设计,提升学生对习近平提出的"绿水青山就是金山银山"和"保护生态环境就是保护生产力、改善生态环境就是发展生产力"等有中国特色的重要生态环保论述的认识,坚定学生的"四个自信";通过理论知识和操作技能的运用分离获得具有污染物降解功能的菌株,提升学生的科研兴趣,激发学生勇于探索,科技报国,利用微生物治理环境污染、促进生态可持续发展,建设美丽祖国和美丽家园的热情,做到科学研究与家国情怀的统一。

思政触点六:产细菌素菌株的筛选实验——创新精神,协作精神,终身学习。

近年来,细菌素在食品领域中得到了广泛深入的研究和部分应用,它是目前食品防腐的研究应用热点,学生在教师引导下,通过对细菌素相关资料的收集和制定科学的实验方案发现:许多细菌都能产生细菌素,细菌素作为生物抑菌剂,具有高效、不产生抗药性等优良特点,同时也发现实际生产中的细菌素只有几种,种类有限,需要不断挖掘新的高效细菌素产品,体会到科技是不断进步的,需要终身学习,不断创新;通过反复的筛选菌株、持续的开展实验任务,获得阶段性的实验成果,提升学生探索未知、勇攀科学高峰、乐于科研创新的精神,体会团队协作开展科学探索攻克难关的喜悦和自豪,体会科技创新蕴含的价值,以期在未来能把国家、社会、个人的价值要求融为一体。

实验一 苯污染物降解菌的分离和培养

一、实验目的

(1)简述苯污染物的毒害。
(2)查阅微生物降解有机污染物的文献。
(3)设计方法,对降解苯的菌株进行分离筛选。
(4)关注和发挥微生物在改善环境、保护自然生态中的作用,重视环境保护,建设美丽中国。

二、实验原理

苯有较高的毒性,而且性质稳定,不易被降解。苯污染物进入土壤不仅难以去除,还会通过食物链在动植物体内逐渐富集,从而危害人类身体健康。微生物能够利用一些有机污染物作为碳源或氮源,利用微生物的这一特性可以筛选降解苯等有机污染物的菌株,从而达到将这些有机污染物彻底去除的目的。苯等有毒污染物超过一定浓度也会限制微生物的生长,因此在设计试验时,需要用不同浓度的苯富集驯化样品。

三、实验材料

9 cm无菌培养皿、酒精灯、接种环、锥形瓶、电炉、酒精棉球、棉签、洁净工作台、酒精、培养箱等。

四、实验流程指导

苯污染物降解菌的分离和培养实验流程如图 3-1-1 所示。

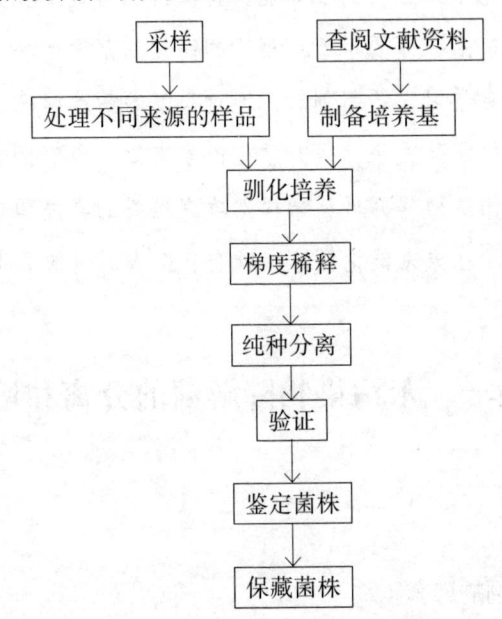

```
采样                查阅文献资料
  ↓                    ↓
处理不同来源的样品   制备培养基
           ↓
        驯化培养
           ↓
        梯度稀释
           ↓
        纯种分离
           ↓
         验证
           ↓
        鉴定菌株
           ↓
        保藏菌株
```

图 3-1-1 苯污染物降解菌的分离和培养实验流程

五、实验结果

分析实验结果并保藏菌株。

六、思考题

（1）哪些来源的样品比较容易驯化出降解苯的微生物？

（2）苯有哪些毒害作用？微生物是怎样降解苯的？

实验二　蕈蚊生防菌的筛选

一、实验目的

（1）收集资料，阐述生物防治的菌种。

（2）设计方法，对生防菌株进行分离筛选。

（3）树立减少农药污染、维护食品安全的意识。

二、实验原理

蕈蚊（图3-2-1）俗称小黑飞，喜欢食用腐败的有机质、植物及真菌菌丝，在家庭花盆中时常见到。它会危害食用菌、药用菌和野生蕈中的多种菌类，是食用菌栽培中一种重要的双翅目害虫，也是许多温室和园艺植物以及葱蒜类蔬菜上的重要害虫，能传播病害和害螨。它可以通过化学药物喷撒或物理黏板部分杀死或捕获，易复发。化学农药防治使用方便，见效快，但其弊端日益凸显，不能满足现代社会人们对食品安全的需要，而物理防治无法有效控制幼虫危害，于是生物防治作为一种安全、有效的防治方法愈来愈成为农产品害虫防治方法研究的热点。细菌中的苏云金芽孢杆菌（Bacillus thuringiensis，Bt）是研究最多、应用最广的一类杀虫微生物，分布广泛，现已发现对不同种类的蚊虫具有活性的Bt。

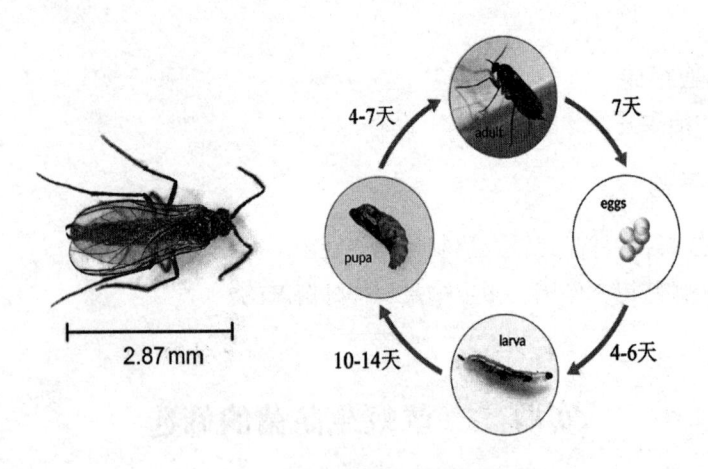

图 3-2-1 蕈蚊及其生活史

三、实验材料

不锈钢三角涂布器、酒精灯、平板、接种针、试管塞、烧杯、移液器、玻璃棒、pH 试纸 5.5～9.0、100 mL 无菌水的三角瓶、灭菌锅、培养箱、天平等。

四、实验流程指导

蕈蚊生防菌的筛选实验流程如图 3-2-2 所示。

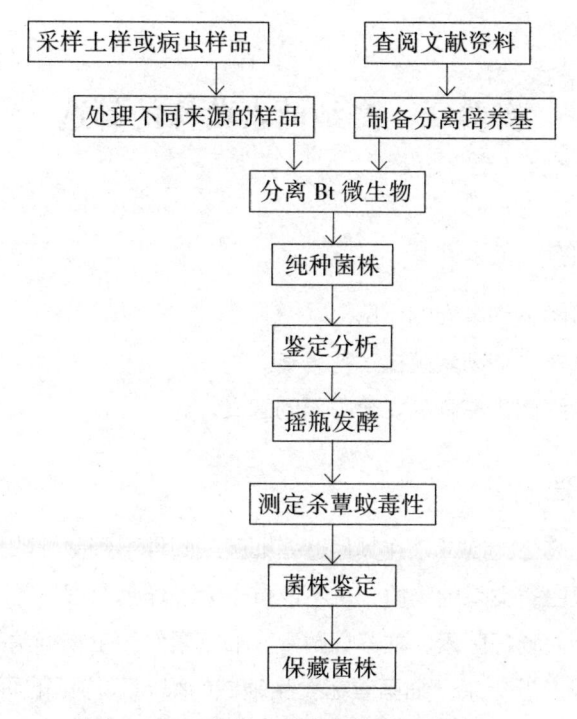

```
采样土样或病虫样品          查阅文献资料
        ↓                      ↓
  处理不同来源的样品       制备分离培养基
            ↓              ↓
          分离 Bt 微生物
               ↓
           纯种菌株
               ↓
           鉴定分析
               ↓
           摇瓶发酵
               ↓
          测定杀蕈蚊毒性
               ↓
           菌株鉴定
               ↓
           保藏菌株
```

图 3-2-2　蕈蚊生防菌的筛选实验流程

五、实验结果

报告分离到的微生物及其杀虫效果。

六、思考题

（1）如何保持杀虫菌株的活性？

（2）如何进一步提高杀虫菌株的活性？

（3）除了 Bt 菌外，还有哪些可以用到农业上的杀虫菌株？

实验三 产细菌素菌株的筛选

一、实验目的
（1）收集资料阐述细菌素的作用。
（2）设计实验对产细菌素菌株进行分离。
（3）科学认识细菌素在食品安全方面的意义。

二、实验原理
许多细菌都能产生抑制或杀死其他近缘细菌或同种不同菌株的代谢产物，因为它是由质粒编码的蛋白质类杀菌物质，且不像抗生素那样具有很广的杀菌谱，所以被称为细菌素。例如，大肠杆菌素、枯草杆菌素。细菌素作为生物抑菌剂，具有高效、不产生抗药性等特点。近年来，细菌素在食品领域中得到了广泛的研究和应用。目前，实际生产中的细菌素只有几种，需要不断挖掘新的高效细菌素产品。

Ⅰ类细菌素 Nisin 具有较好的防腐效果，在食品领域中已成功地将其应用到乳制品、啤酒等食品生产中。Ⅱ类细菌素是研究开发的热点，该类细菌素又可分为三类：Ⅱa类，类片球菌素样细菌素；Ⅱb类，双肽细菌素，需两个肽的共同作用才能有效地发挥抑菌效果；Ⅱc类，其他未经修饰的抗菌活性肽。

三、实验材料
9 cm 无菌培养皿、酒精灯、接种环、锥形瓶、牛津杯、微孔滤膜、电炉、酒精棉球、棉签、洁净工作台、酒精、培养箱等。

四、实验流程指导

产细菌素菌株的筛选实验流程如图 3-3-1 所示。

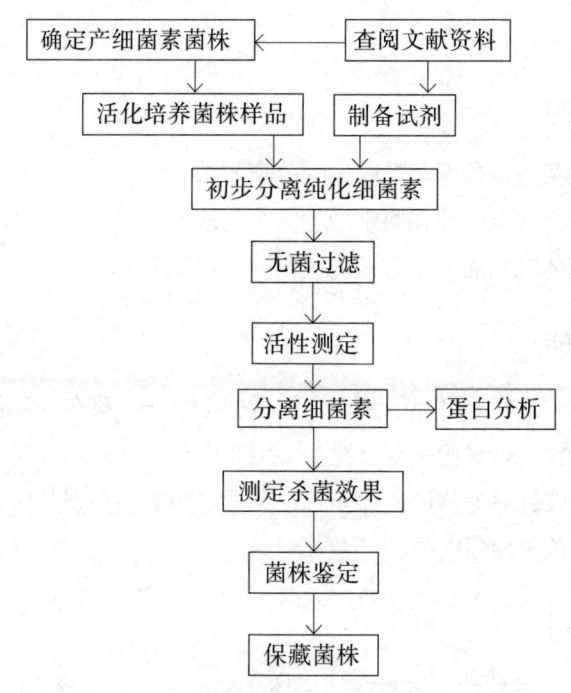

```
确定产细菌素菌株 ← 查阅文献资料
      ↓              ↓
活化培养菌株样品    制备试剂
      ↓
 初步分离纯化细菌素
      ↓
    无菌过滤
      ↓
    活性测定
      ↓
   分离细菌素 → 蛋白分析
      ↓
   测定杀菌效果
      ↓
    菌株鉴定
      ↓
    保藏菌株
```

图 3-3-1　产细菌素菌株的筛选实验流程

五、实验结果

报告实验结果并分析。

六、思考题

（1）如何确定抑菌物质是细菌素而不是次生代谢产物？

（2）采用细菌素抑菌与采用抗生素抑菌，两者相比各有什么优缺点？

实验四　金黄色葡萄球菌噬菌体的分离

一、实验目的

（1）能设计金黄色葡萄球菌噬菌体的分离方法。
（2）能阐明噬菌体专一性在鉴别微生物中的应用。
（3）探讨噬菌体在食品卫生方面的应用。

二、实验原理

金黄色葡萄球菌是影响食品卫生安全的微生物之一，可在许多食品中生长。噬菌体广泛存在于自然界，具有宿主专一性，可用双层平板法分离纯化。利用金黄色葡萄球菌噬菌体专一性地裂解金黄色葡萄球菌，在通过裂解圈观察获得噬菌体的同时，还可以鉴别和除去金黄色葡萄球菌。

三、实验材料

酒精灯、平板、接种针、试管塞、烧杯、移液器、玻璃棒、pH 试纸 5.5～9.0、三角瓶、灭菌锅、培养箱、摇床、离心机、烘箱、天平、分光光度计、电子显微镜等。

四、实验流程指导

金黄色葡萄球菌噬菌体的分离实验流程如图 3-4-1 所示。

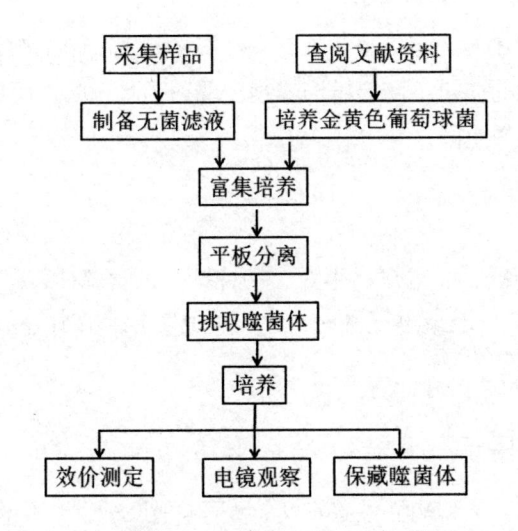

图 3-4-1　金黄色葡萄球菌噬菌体的分离实验流程

五、实验结果和报告

记录噬菌斑的数量、大小、形态，绘制一步生长曲线。

六、思考题

（1）查阅资料说出噬菌体在食品卫生方面有哪些应用？
（2）不同样品来源的噬菌体数量是否一致，为什么？

实验五　淀粉酶产生菌的分离和酶活性鉴定

一、实验目的

（1）简述选择性培养基在分离微生物时的重要作用。
（2）分离高效产胞外淀粉酶微生物。
（3）关注食品相关有益微生物的发掘及其对食品生产的影响。

二、实验原理

淀粉酶广泛应用于淀粉糖、烘培、啤酒酿造、酒精生产中，是在食品工业生产中应用最广泛的酶制剂之一。淀粉酶可由微生物发酵产生。微生物分泌到细胞外的淀粉酶能够水解培养基中的淀粉，使淀粉培养基出现透明水解圈。可用梯度稀释法处理土壤样品，分离淀粉酶产生菌。

三、实验材料

不锈钢三角涂布器、酒精灯、平板、接种针、试管塞、装有 4.5 mL 无菌水的试管、移液器、玻璃棒、pH 试纸 5.5～9.0、装有玻璃珠和 100 mL 无菌水的三角瓶、灭菌锅、培养箱、天平。

四、实验步骤提示

淀粉酶产生菌的分离和酶活性鉴定实验流程如图 3-5-1 所示。

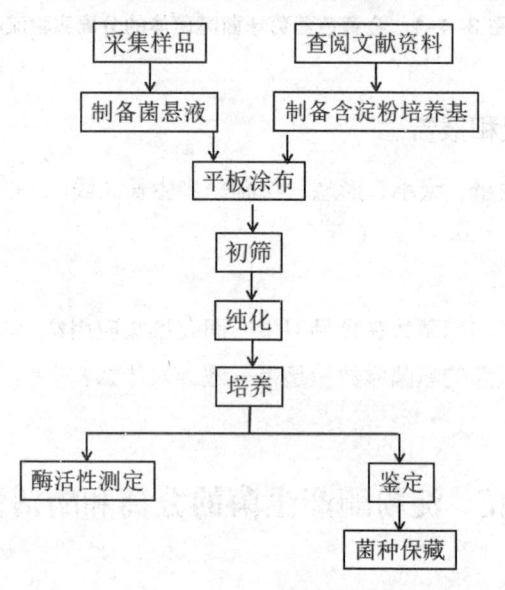

图 3-5-1 淀粉酶产生菌的分离和酶活性鉴定实验流程

五、实验结果

报告实验结果并分析。

六、思考题

（1）不同的土壤样品中淀粉酶产生菌的数量是否相同？

（2）水解圈的大小能否作为判断产酶活性的标准？
（3）怎样进一步提高菌株的淀粉酶活性？

实验六　果蝇肠道中可培养微生物的分离

一、实验目的

（1）分离昆虫肠道可培养微生物。
（2）探讨肠道和微生物间的关系。
（3）关注昆虫微生物资源开发对食品安全的影响。

二、实验原理

昆虫肠道微生物在与宿主长期的协同进化过程中，不仅形成了极为多样的种群结构，还进化出了多样的生物学功能。研究表明：昆虫肠道微生物提供重要的营养成分；协助消化食物；提高宿主防御和解毒能力；影响宿主昆虫寿命、发育历期和繁殖能力以及昆虫与体内微生物的协同进化。近年来，越来越多的昆虫肠道微生物的多样性和生物学特性被揭示，昆虫肠道微生物可应用于害虫防治、昆虫资源开发、生物能源开发等方面。

黑腹果蝇（Drosophila melanogaster）作为研究宿主—共生菌（或病原菌）相互作用的模型得到广泛应用（Douglas，2011）。野生果蝇在自然界普遍存在，主要以腐烂水果为食，有研究表明，野生和实验室饲养的果蝇体内含有20多种微生物，主要为乳杆菌属（Lactobacillus）和醋酸杆菌属（Acetobacter）。

三、实验材料

不锈钢三角涂布器、酒精灯、平板、接种针、试管塞、烧杯、移液器、玻璃棒、pH试纸5.5～9.0、100 mL无菌水的三角瓶、灭菌锅、培养箱、天平等。

四、实验流程指导

果蝇肠道中可培养微生物的分离实验如图3-6-1所示。

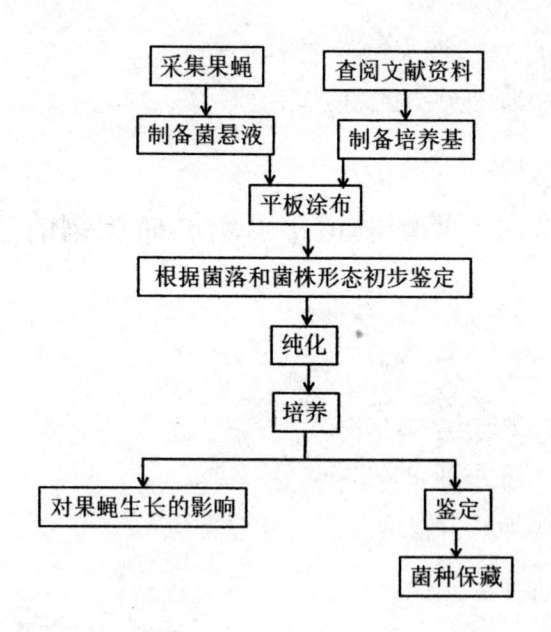

图 3-6-1　果蝇肠道中可培养微生物的分离实验流程

五、实验结果与报告

报告分离到的微生物及文献对其作用的研究。

六、思考题

（1）分离到的微生物对果蝇生长有何影响，怎样验证？
（2）不同发育期的果蝇肠道微生物有什么区别？

实验七　乳酸菌对淀粉废液的再利用研究

一、实验目的

（1）解释乳酸菌的益生作用。
（2）改造含发酵废液的培养基，促进益生菌生长。
（3）支持节能减排，保护生态环境。

二、实验原理

生产完葡萄糖酸钠后的玉米淀粉液体特异性残糖含量高，BOD 高，作为饲料销售价值低，直接排放会造成环境污染。乳酸菌是人类和动物益生菌的主要代表，具有抗菌抑菌、促进营养物质分解、增强免疫、预防肿瘤等作用，即使是益生菌的发酵产物和灭活菌体也能发挥益生作用。以提取葡萄糖酸钠后的淀粉废液作为营养物质，设计培养基，利用乳酸菌独特的糖类发酵能力，探讨益生菌发酵废液的再利用，从而可以获得大量益生菌，提高废液附加值，变废为宝，减少环境污染，保护生态环境。

三、实验材料

离心机、加热炉、不锈钢三角涂布器、酒精灯、平板、接种针、试管塞、烧杯、三角瓶、移液器、玻璃棒、pH 试纸 5.5～9.0、灭菌锅、培养箱、天平等。

四、实验流程指导

乳酸菌对淀粉废液的再利用实验流程如图 3-7-1 所示。

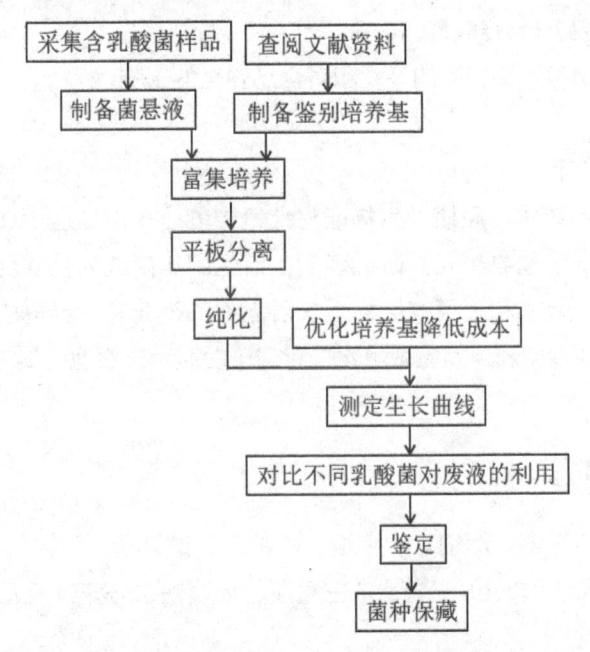

图 3-7-1　乳酸菌对淀粉废液的再利用实验流程

五、实验结果与报告

报告接种乳酸菌在不同培养基中是否生长，绘制乳酸菌在各个培养基中的生长曲线，计算代时。

六、思考题

（1）如何进一步提高培养基中乳酸菌的浓度？
（2）如何进一步优化培养基更有利于生产实践？

实验八　固氮微生物对植物生长的影响

一、实验目的

（1）解释固氮菌对植物的促生作用。
（2）对固氮菌进行分离。
（3）关注土壤微生物资源的开发和对食品安全的影响。

二、实验原理

在自然生态系统中，原核微生物能将大气中的分子态氮还原成氨，在使自身生长的同时，也能促进植物生长。研究表明，自生固氮菌或内生联合固氮菌能提供玉米、小麦、甘蔗、大米和土豆等植物生长所需要的氮元素，促进植物生长并提高产量。深入研究、开发和利用固氮微生物，有利于发展生态农业，促进经济绿色、可持续发展。

三、实验材料

不锈钢三角涂布器、酒精灯、平板、接种针、试管塞、烧杯、移液器、玻璃棒、pH 试纸 5.5～9.0、100 mL 无菌水的三角瓶、灭菌锅、培养箱、天平等。

四、实验流程指导

固氮微生物对植物生长的影响实验流程如图 3-8-1 所示。

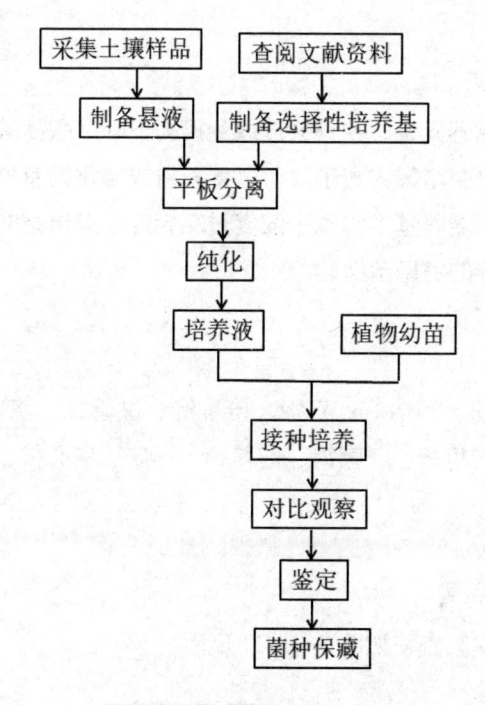

```
采集土壤样品    查阅文献资料
     ↓              ↓
  制备悬液    制备选择性培养基
       ↘     ↙
       平板分离
          ↓
         纯化
          ↓
        培养液    植物幼苗
           ↘    ↙
          接种培养
             ↓
           对比观察
             ↓
            鉴定
             ↓
          菌种保藏
```

图 3-8-1　固氮微生物对植物生长的影响实验流程

五、实验结果与报告

报告接种固氮菌的幼苗和不接种固氮菌的幼苗是否存在生长差异。

六、思考题

（1）自生固氮菌与共生固氮菌相比，在农业应用上有哪些优势？
（2）微生物的固氮作用受哪些因素影响？

实验九　富锌酵母的制备

一、实验目的

（1）列举酵母菌的营养价值。
（2）设计方法，提高酵母菌耐受能力。
（3）关注食品微生物资源开发对行业的带动作用。

二、实验原理

锌是人体必需的营养元素，缺锌会造成免疫力下降。酿酒酵母营养丰富，安全性高，成本低廉。用酵母菌富集锌离子，可以将无机锌转化为有机锌，更有利于生物体内吸收和利用。但是，培养基中锌离子浓度过高会抑制酵母菌的生长，需要通过菌种选育获得耐受高浓度锌的酵母菌株。

三、实验材料

不锈钢三角涂布器、酒精灯、平板、接种针、试管塞、烧杯、移液器、玻璃棒、pH 试纸 5.5～9.0、三角瓶、灭菌锅、培养箱、摇床、离心机、烘箱、天平、原子吸收分光光度计等。

四、实验流程指导

富锌酵母的制备实验流程如图 3-9-1 所示。

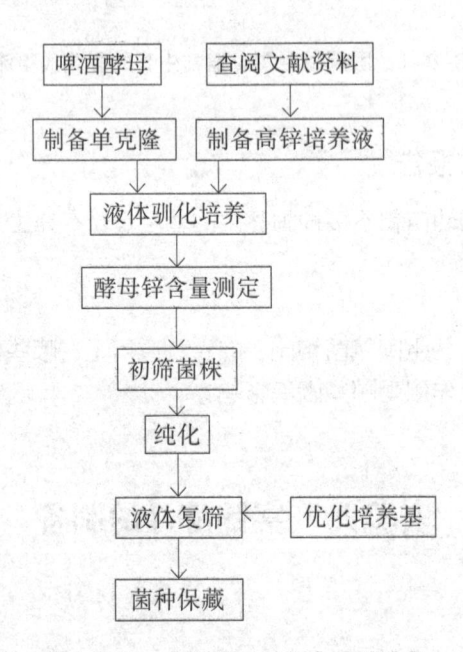

图 3-9-1 富锌酵母的制备实验流程

五、实验结果

（1）报告菌种选育前后酵母菌的锌含量。
（2）优化后的培养基。

六、思考题

（1）培养条件是否影响酵母菌的锌含量？
（2）如何选择富锌酵母的产品形式？

实验十　红枣果酒的酿制

一、实验目的

（1）解释果酒发酵的微生物学原理。
（2）对果酒质量进行检测品评。
（3）关注食品微生物资源开发对行业的带动作用。

二、实验原理

乐陵小枣在温州地区广泛种植，每逢收获季节都会有大量落枣、残次枣被直接扔掉。利用微生物的发酵作用，可将这部分残次枣变废为宝。以葡萄酒为代表的果酒酿造有着悠久的历史，可为其他果酒的酿造提供一定的经验。果酒酿造的过程比较复杂，用时长，并有相应的检测指标。先将含糖水果原料进行处理，由酵母菌经 EMP 途径发酵产生乙醇后，再将酒渣分离，得到的酒液进入后发酵，经陈酿，过滤，最后罐装。需要检测残糖含量、酒精含量、评测果酒感官指标，还需要检测卫生指标、总酚浓度、Vc 含量等。

三、实验材料

酒精灯、平板、接种针、试管塞、烧杯、移液器、玻璃棒、pH 试纸 5.5～9.0、三角瓶、灭菌锅、培养箱、摇床、离心机、烘箱、天平、pH 计、糖度计、小型发酵罐、酵母菌等。

四、实验流程指导

红枣果酒的酿制实验流程如图 3-10-1 所示。

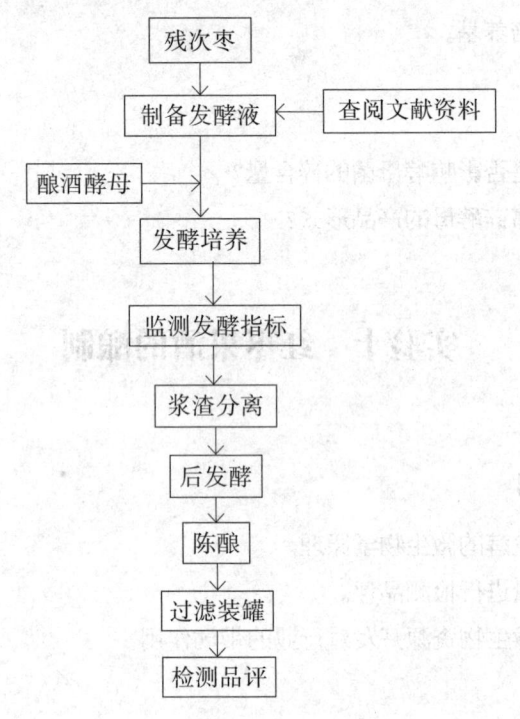

```
残次枣
  ↓
制备发酵液 ← 查阅文献资料
  ↓
酿酒酵母 →
  ↓
发酵培养
  ↓
监测发酵指标
  ↓
浆渣分离
  ↓
后发酵
  ↓
陈酿
  ↓
过滤装罐
  ↓
检测品评
```

图 3-10-1 红枣果酒的酿制实验流程

五、实验结果

报告检测结果和品评结果。

六、思考题

（1）通过品评，你有哪些感受，在生产工艺上有哪些改进？

（2）你觉得还应该做哪些试验，并进一步阐明该果酒的功效。

实验十一　泡菜中发酵微生物的分离和功能测定

一、实验目的

（1）解释泡菜发酵的微生物学原理。
（2）发掘传统食品中的有益微生物。
（3）关注科学技术对传统食品微生物资源开发的作用。

二、实验原理

泡菜是我国传统特色发酵食品，历史悠久。传统发酵泡菜的加工方式多以自然发酵为主。泡菜发酵过程中利用蔬菜本身携带的以乳酸菌为主的多种微生物迅速繁殖，生成乳酸、乙醇、乙酸等代谢产物和多种风味物质，从而得到口味独特的发酵蔬菜制品。筛选发酵过程中的优良菌种既有利于缩短发酵周期，促进风味物质形成，又有利于降低亚硝酸盐的含量。

分离、开发泡菜中的微生物资源，既可以保证产品的稳定性和安全性，又有利于根据当地蔬菜特色研发新的产品。

三、实验材料

离心机、加热炉、不锈钢三角涂布器、酒精灯、平板、接种针、试管塞、烧杯、三角瓶、移液器、玻璃棒、pH 试纸 5.5～9.0、灭菌锅、培养箱、天平等。

四、实验流程指导

泡菜中发酵微生物的分离与功能测定实验流程如图 3-11-1 所示。

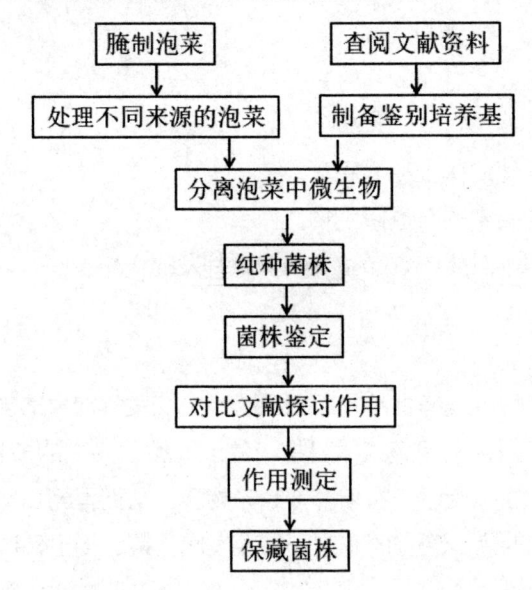

图 3-11-1　泡菜中发酵微生物的分离与功能测定实验流程

五、实验结果

报告菌株种类和鉴定的指标。

六、思考题

（1）泡菜中存在的食品安全因素有哪些？
（2）乳酸菌还有哪些方面的食品应用方向？

实验十二　常见蔬菜的抑菌效果比较

一、实验目的

（1）列举几种有抑菌作用的蔬菜。
（2）运用抑菌实验评价抑菌效果。
（3）关注食品中天然防腐剂的开发。

二、实验原理

天然植物中蕴含着许多抑菌物质,从中开发天然防腐剂体现了人们对食品安全的高层次要求。抑菌效果的测定可以用液体稀释法、比浊法和扩散法等,通过抑菌圈的大小来判断抑菌效果。

三、实验材料

离心机、加热炉、不锈钢三角涂布器、酒精灯、平板、接种针、试管塞、烧杯、三角瓶、移液器、玻璃棒、牛津杯、pH 试纸 5.5～9.0、灭菌锅、培养箱、天平等。

四、实验流程指导

常见蔬菜的抑菌效果比较实验流程如图 3-12-1 所示。

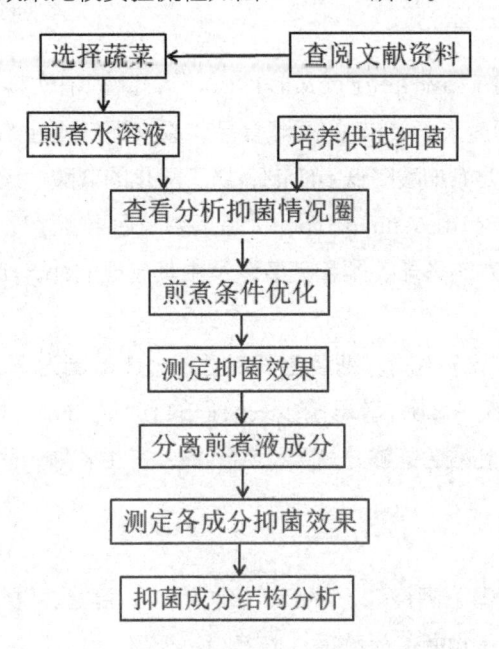

```
查阅文献资料 → 选择蔬菜
                ↓
            煎煮水溶液      培养供试细菌
                ↓              ↓
            查看分析抑菌情况圈
                ↓
            煎煮条件优化
                ↓
            测定抑菌效果
                ↓
            分离煎煮液成分
                ↓
            测定各成分抑菌效果
                ↓
            抑菌成分结构分析
```

图 3-12-1 常见蔬菜的抑菌效果比较实验流程

五、实验结果与报告

报告不同蔬菜的提取方法及其抑菌效果。

六、思考题

(1)查阅资料,说明具有抑菌效果的蔬菜的抑菌研究进展。

(2)蔬菜的抑菌效果受到哪些提取因素的影响?

实验十三　特色乳酸菌果饮的研制

一、实验目的

（1）能叙述酸性和低酸性罐藏食品的定义。
（2）掌握 pH 对微生物生长的影响。
（3）探讨特色微生物食品的开发。

二、实验原理

低酸性罐藏食品（low acid canned food），除酒精饮料以外，凡杀菌后平衡 pH 大于 4.6，水分活度大于 0.85 的罐藏食品。原来是低酸性的水果、蔬菜或蔬菜制品；为加热杀菌的需要而加酸降低 pH 的，属于酸化的低酸性罐藏食品。

酸性罐藏食品（acid canned food）是指杀菌后平衡 pH 等于或小于 4.6 的罐藏食品。pH 小于 4.7 的番茄、梨和菠萝以及由其制成的汁，pH 小于 4.9 的无花果均属于酸性罐藏食品。

微生物生长所需 pH 不同。细菌生长最适的 pH 范围为 7.0～8.0，放线菌生长最适的 pH 范围为 7.5～8.5，酵母菌生长最适的 pH 为 3.8～6.0，霉菌生长最适的 pH 则为 4.0～5.8。乳酸菌能够分解果汁中的糖，产生乳酸，降低果汁的 pH。

三、实验材料

不锈钢三角涂布器、酒精灯、平板、接种针、试管塞、试管、移液器、玻璃棒、pH 试纸 5.5～9.0、三角瓶、灭菌锅、培养箱、天平。

四、实验流程指导

特色乳酸菌果饮的研制实验流程如图 3-13-1 所示。

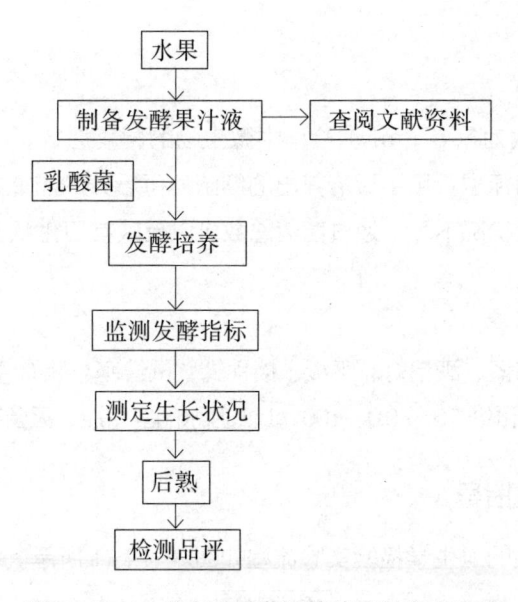

```
         水果
          ↓
     制备发酵果汁液  →  查阅文献资料
          ↓
  乳酸菌 →
          ↓
        发酵培养
          ↓
       监测发酵指标
          ↓
       测定生长状况
          ↓
         后熟
          ↓
        检测品评
```

图 3-13-1 特色乳酸菌果饮的研制实验流程

五、实验结果与报告

报告乳酸菌果汁品评和卫生检测结果。

六、思考题

（1）影响果汁卫生质量的因素有哪些？

（2）查阅文献资料，在食品中可以怎样调节 pH？

实验十四　坚果和籽类食品的卫生学检验

一、实验目的

（1）查阅食品安全国家标准的相关方法。

（2）运用坚果和籽类食品国标对食品进行检测。

（3）解释检验的项目的卫生学意义。

（4）关注当地食品安全。

二、实验原理

食品中菌落总数为每 g（mL）检样中微生物的菌落总数。菌落总数主要作为判定食品被污染程度的标志。用平板培养出的细菌为可培养的需氧菌的总数。散装啤酒质量差异较大，卫生状况不一，通过菌落总数可以反映其卫生状况。

三、实验材料

不锈钢三角涂布器、酒精灯、平板、接种针、试管塞、装有 4.5mL 无菌水的试管、移液器、玻璃棒、pH 试纸 5.5～9.0、100 mL 无菌水的三角瓶、灭菌锅、培养箱、天平等。

四、实验流程指导

坚果和籽类食品的卫生学检验实验流程如图 3-14-1 所示。

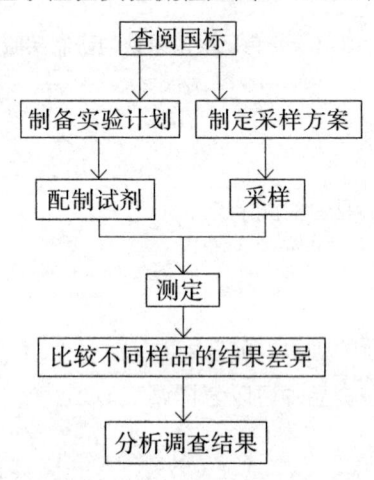

图 3-14-1　坚果和籽类食品的卫生学检验实验流程

五、实验结果

报告不同样品中的菌落总数，形成调查报告，分析调查结果的原因。

六、思考题

（1）啤酒中二氧化碳对检测结果是否有影响？为什么？

（2）啤酒中的微生物数量受到哪些因素影响？

实验十五 禽肉制品的卫生学调查

一、实验目的

（1）查阅食品安全国家标准的相关方法。
（2）运用肉制品的微生物学检验国标对食品进行检测。
（3）解释检验项目的卫生学意义。
（4）关注当地食品安全。

二、实验原理

肉制品营养丰富，容易受到细菌污染，储存不当极易产生食品安全问题。不同包装、不同储存时间和储存温度对肉制品上的微生物影响不同。通过微生物检验可以判断肉制品的卫生状况。

三、实验材料

无菌刀、剪刀、三角涂布器、酒精灯、平板、接种针、试管塞、装有 4.5 mL 无菌水的试管、移液器、玻璃棒、pH 试纸 5.5～9.0、100 mL 无菌水的三角瓶、灭菌锅、培养箱、天平等。

四、实验流程指导

采集不同样品，按照相关国标，制订实验计划，明确测定方法，取样测定，分析结果。

五、实验结果与报告

禽肉制品的卫生学调查实验结果与报告如图 3-15-1 所示。

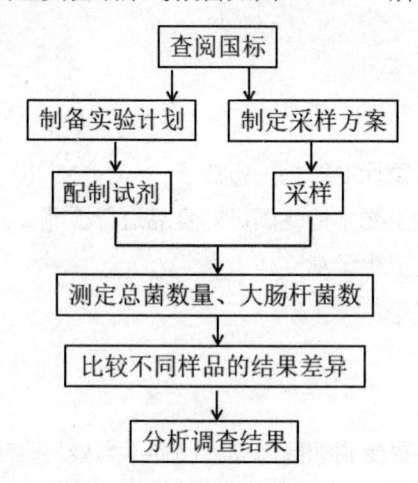

```
              查阅国标
             ↙        ↘
      制备实验计划    制定采样方案
          ↓              ↓
       配制试剂          采样
             ↘        ↙
         测定总菌数量、大肠杆菌数
                ↓
         比较不同样品的结果差异
                ↓
            分析调查结果
```

图 3-15-1　禽肉制品的卫生学调查实验结果与报告

六、思考题

（1）通过本次实验结果，你在日常生活中获得什么启示？

（2）禽肉制品的微生物来源有哪些？

参考文献

[1] 周德庆，徐德强. 微生物学实验教程（第3版）[M]. 北京：高等教育出版社，2013.
[2] 周德庆. 微生物学教程（第3版）[M]. 北京：高等教育出版社，2011.
[3] 沈萍，陈向东. 微生物学实验（第4版）[M]. 北京：高等教育出版社，2007
[4] 钱存柔，黄秀仪. 微生物学实验教程（第2版）[M]. 北京：北京大学出版社，2008.
[5] 黄秀梨，辛名秀. 微生物学实验指导（第2版）[M]. 北京：高等教育出版社，2008.
[6] 东秀珠，蔡妙英，等. 常见细菌系统鉴定手册 [M]. 北京：科学出版社，2001.
[7] 何国庆，贾英民，丁立孝. 食品微生物学（第2版）[M]. 北京：中国农业大学出版社，2009.
[8] 白晨，黄玥. 食品安全与卫生学（第1版）[M]. 北京：中国轻工业出版社，2014
[9] 房玉国，王克新，张丽宏，等. 灭菌乳商业无菌检验方法的探讨 [J]. 中国乳品工业，2002，30(1)：29-30.
[10] 郑雄. 罐头食品商业无菌的检验标准的特征及其意义 [J]. 食品工业，2012，33(9)：137-139.
[11] 中华人民共和国国家卫生和计划生育委员会，国家食品药品监督管理总局. 食品安全国家标准 食品微生物学检验 总则：GB 4789.1-2016[S]
[12] 中华人民共和国国家卫生和计划生育委员会，国家食品药品监督管理总局. 食品安全国家标准 食品微生物学检验 菌落总数测定：GB 4789.2—2016 [S]. 北京：中国标准出版社，2016.
[13] 中华人民共和国国家卫生和计划生育委员会，国家食品药品监督管理总局. 食品安全国家标准 食品微生物学检验 大肠菌群计数：GB 4789.3—2016 [S]. 北京：中国标准出版社，2016.
[14] 中华人民共和国国家卫生和计划生育委员会，国家食品药品监督管理总局. 食品安全国家标准 食品微生物学检验 沙门氏菌检验：GB 4789.4—2016 [S]. 北京：中国标准出版社，2016.
[15] 中华人民共和国卫生部. 食品安全国家标准 食品微生物学检验 志贺氏菌检验：GB 4789.5—2012[S]. 北京：中国标准出版社，2012.

[16] 中华人民共和国国家卫生和计划生育委员会，国家食品药品监督管理总局.食品安全国家标准 食品微生物学检验 金黄色葡萄球菌检验：GB 4789.10—2016[S].北京：中国标准出版社，2016.

[17] 中华人民共和国国家卫生和计划生育委员会.食品微生物学检验 霉菌和酵母计数：GB 4789.15—2016 [S].北京：中国标准出版社，2016.

[18] 中华人民共和国卫生部.食品安全国家标准 食品卫生微生物学检验 肉与肉制品检验：GB/T 4789.17—2003 [S].北京：中国标准出版社，2003.

[19] 中华人民共和国卫生部.食品安全国家标准 食品微生物学检验 乳与乳制品检验：GB 4789.18—2010 [S].北京：中国标准出版社，2010.

[20] 中华人民共和国卫生部，中国国家标准化管理委员会.食品卫生微生物学检验 蛋与蛋制品检验：GB/T 4789.19—2003[S].北京：中国标准出版社，2003.

[21] 中华人民共和国国家卫生和计划生育委员会.食品安全国家标准 食品微生物学检验 商业无菌检验：GB 4789.26—2013 [S].北京：中国标准出版社，2013.

[22] 中华人民共和国国家卫生和计划生育委员会.食品安全国家标准 食品微生物学检验 培养基和试剂的质量要求：GB 4789.28—2013 [S].北京：中国标准出版社，2013.

[23] 中华人民共和国国家卫生和计划生育委员会，国家食品药品监督管理总局.食品安全国家标准 食品微生物学检验 单核细胞增生李斯特氏菌检验：GB 4789.30—2016 [S].北京：中国标准出版社，2016.

[24] 中华人民共和国国家卫生和计划生育委员会，国家食品药品监督管理总局.食品安全国家标准 食品微生物学检验 双歧杆菌的鉴定：GB 4789.34—2016[S].北京：中国标准出版社，2016.

[25] 中华人民共和国卫生部.食品安全国家标准 食品微生物学检验 大肠埃希氏菌计数：GB 4789.38—2012[S].北京：中国标准出版社，2012.

[26] 中华人民共和国国家质量监督检验检疫总局.食品卫生微生物学检验 大肠菌群的快速检测：GB/T 4789.32—2002[S].北京：中国标准出版社，2002.

[27] 中华人民共和国卫生部，中国国家标准化管理委员会.食品微生物学检验 大肠埃希氏菌O157：H7/NM 检验：GB/T 4789.36—2016[S].北京：中国标准出版社，2016.

[28] 肖建军，李亚龙，杨琦.苯降解菌的筛选及其对苯的降解研究 [J].环境工程，2018，36（6）：159-162.

[29] HUANG D, ZHANG J, SONG F, et a1. Microbial control and

biotechnology research on Bacillus thuringiensis in China[J]. Invertebrate Pathology, 2007, 95(3): 175-180.

[30] LAWRENCE A L. Bacillus thuringiensis serovarietyisraelensis and Bacillus Sphaericus for mosquito control[J]. Journal of the American Mosquito Control Association, 2007, 23(2): 133-163.

[31] 张旭, 赵斌, 张香美, 等. 产细菌素乳酸菌的筛选及细菌素相关基因的分析 [J]. 中国农业大学学报, 2013, 18（4）: 168-177.

[32] DOUGLAS A. E. Is the regulation of insulin signaling multiorganismal? [J]. Science Signaling, 2011, 4(203): 1-5.

[33] 李玉娟, 苏琬真, 胡坤坤, 等. 植物乳杆菌促进黑腹果蝇生长发育 [J]. 昆虫学报, 2017, 60（5）: 544-552.

[34] 张振宇, 圣平, 黄胜威, 等. 昆虫肠道微生物的多样性、功能及应用 [J]. 生物资源, 2017, 39（4）: 231-239.

[35] 高欢欢, 吕召云, 王咏梅, 等. 黑腹果蝇和斑翅果蝇肠道可培养的细菌多样性分析 [J]. 中国农学通报, 2019, 35（9）: 61-67.

[36] DALL'ASTA P, PEREIRA T P, do AMARAL do F P, et al. Tools to evaluate Herbaspirillum seropedicae abundance and nifH and rpoC expression in inoculated maize seedlings grown in vitro and in soil [J]. Plant Growth Regulation, Springer Netherlands, 2017, 83(3): 397 - 408.

[37] VENIERAKI A, DIMOU M, PERGALIS P, et al. The genetic diversity of culturable nitrogen-fixing bacteria in the rhizosphere of wheat [J]. Microbial ecology, 2011, 61(2): 277-285.

[38] TKACHENKO O V, EVSEEVA N V, BOIKOVA N V, et al. Improved potato microclonal reproduction with the plant growth-promoting rhizobacteria Azospirillum [J]. Agronomy for Sustainable Development, 2015, 35: 1167-1174.

[39] 孔林, 郝勃, 喻子牛. 富锌酵母的选育及其培养工艺 [J]. 食品与生物技术学报, 2006, 25（6）: 97-101, 123.

[40] 潘凯旋, 甘峰, 李志西, 等. 残次裂枣枣酒发酵菌相变化及工艺比较分析 [J]. 西北农业学报, 2012, 21（1）: 121-126.

[41] 李白, 高广春, 方琪. 四种蔬菜食用器官提取物对植物组培污染细菌的抑制作用 [J]. 浙江农业学报, 2017, 29（11）: 1854-1861.

[42] 李雪玲, 冯惠玲, 李锡平, 等. 金黄色葡萄球菌噬菌体的分离筛选 [J]. 食品工业科技, 2013, 15: 158-165.

[43] 熊涛, 彭飞, 李啸, 等. 传统发酵泡菜优势微生物及其代谢特性 [J]. 食品科学, 2015, 36（3）: 158-161.

[44] 王伟, 刘雅文, 谷凤霞, 等. 啤酒腐败微生物与啤酒微生物稳定性研究进展 [J]. 微生物学杂志, 2016, 36（1）: 80-88.

[45] 孙培龙, 徐巧, 赵敏. 啤酒中污染菌检测与鉴定的研究进展 [J]. 酿酒, 2006, 33(6): 158-161.

[46] 韩衍青, 徐宝才, 徐幸莲, 等. 真空包装熟肉制品中的特定腐败微生物及其控制 [J]. 中国食品学报, 2011, 11（7）: 148-155.

[47] 谢萍, 徐明生, 尹忠平, 等. 散装酱卤鸭肉制品中特定腐败菌的确定 [J]. 食品安全质量检测学报, 2016, 7（7）: 2895-2902.